孩子的宇宙

〔日〕河合隼雄 著

王 俊 译

东方出版中心

目　录
Contents

前　言

· 孩子内心的宇宙 ·

孩子们存在于这个宇宙之中,这一点大家都知道。但是,是不是每个人都知道,在每个孩子的内心,都存在一个宇宙呢? 它以无限的广度和深度而存在着。大人们往往被孩子小小的外形所蒙蔽,忘却了这一广阔的宇宙。大人们急于让小小的孩子长大,以至于歪曲了孩子内心广阔的宇宙,甚至把它破坏得无法复原。一想到这种可怕的事往往是在大人自称的"教育"、"指导"和"善意"的名义下进行的,不由更加令人无法接受。

我忽然想到,所谓长大成人,也许就是将孩子们所拥有的如此精彩的宇宙存在逐渐忘却的过程。这样一来,人生似乎有点太凄凉了。

· 来自宇宙的信号 ·

孩子们清澈的目光,凝望着这个宇宙,每天都有新的发现。但是，遗憾的是，孩子们不大会向大人诉说关于这个宇宙的发现。也许是因为，他们模模糊糊地觉察到，如果一不小心这样做了，那些不能理解的大人马上就会着手破坏自己的宇宙。尽管如此，当遇上能够对来自孩子的宇宙侧耳倾听的大人时，孩子们还是会用生动活泼的语言，诉说他们的发现。

神

山下美智子

神无论是开心的事

还是悲伤的事都看在眼里

在这个世界上

如果大家都是好人

也许神也会厌倦

神啊

既创造聪明人也创造傻瓜

就是因为厌烦①

这是一位小学一年级学生的诗。存在于山下美智子的

---

① 选自《致一年级一班的老师》，鹿岛和夫、灰谷健次郎编，日本理论社，1986 年。

宇宙中的神，是一位多棒的神啊！有些原教旨主义者大言不
惭地声称，在现代世界中，为了正义，战争也是无可奈何的，
我真想让他们读一读这首诗。当他们的神盛气凌人，怒目而
视，宣称为了正义不惜大量杀人的时候，山下小姑娘的宇宙
中的神却是一个完美的自然体，不慌不忙地指出，这世上的
形形色色不是正好吗？山下虽然只是一年级小学生，但也以
自己的方式不断思考着为什么在这世界上不仅有开心的事，
也有悲伤的事，不仅有好人，也有坏人，而在思考的过程中，
她发现了存在于自己内心的宇宙中的神的样子。

　　如果你看到这首诗，觉得有趣而想要让自己的孩子也写
一首，却未必能如愿。要产生好的诗，作为其土壤，在孩子的
宇宙中开明的教师的态度尤其重要，这一点不可忘记。

　　下面再来看一首孩子的诗。是小学二年级学生的诗。

大人

中谷实

不管谁来了

看到我

"又长大了"

"上几年级了"

"就要上三年级"

"这么快啊

上次还是一年级呢

我记得"

说着就来摸我的头

大人们啊

总是说着同样的话①

　　虽然孩子内心有着无限的宇宙，大人们对此却一无所知，"总是说着同样的话"。大人说上一句"又长大了"，摸摸孩子的头，就觉得是在跟孩子"对话"，或者就是在"疼爱"孩子了。但是，这些什么都算不上。孩子们早已认真观察着大人，看穿了他们的老一套。孩子的目光透彻地观看着这个世界。

• 稀松平常的事 •

　　因为孩子们的诗太精彩了，我曾在一本杂志上这样介绍孩子们的诗集："这本书让人不由得想要推荐给任何职业和年龄的人读上一遍。"而来我这里接受心理疗法的人（成人）读了，却这样说道：

　　"不管怎样，这不都是些稀松平常的事吗？"

　　这句话在我心中引起了强烈的反响。这句话的潜台词

---

　　①　选自《星星先生出来了一位我的爸爸就要回来了》，鹿岛和夫、灰谷健次郎编，宫崎学摄影，日本理论社，1984年。

是,你那么大肆宣传、希望更多的人去读的那本书,内容原来也很"稀松平常"嘛。对此,我回答道:"那是因为有太多的人不懂稀松平常的东西。"在执笔写作本书之际,这个片段立即浮上了我的心头。它让我反省应该怎样写作这本书,又应该写些什么。

• 悲痛的呼喊 •

通过心理疗法这项工作,我接触了很多孩子和大人,长年接受这方面的报告并进行指导。在这个过程中,我听到,有那么多的孩子,当他们的宇宙受到压制时发出了悲痛的呼喊。另一方面,大人的话中则处处体现出他们在童年时曾经遭受了怎样的破坏,而这种破坏又是多么的难以修复。他们所发出的悲痛的呼喊与求救声,或者被完全无视,或者反而在大人以"不正常"的判断下受到更进一步的压迫而告终。笔者打算写这本书,主要的动机无非就是想要揭示这种宇宙的存在,防止对它的破坏。

• 谈论宇宙之难 •

话说回来,认为我所推荐的孩子们的诗"稀松平常"的人,想说的究竟是什么呢? 我在一开始就说过:"在孩子的内心有一个宇宙。"而宇宙是无边无际的。我家的院子也是"宇宙"的一部分,而存在于几亿光年之外的恒星也是"宇宙"的一部分。说是要谈论宇宙,如果只是论及我自身的日常生活,尽管这些无疑也是宇宙的一部分,但仅仅以此来谈论宇宙,未免给人以过于狂傲之感。孩子内心的宇宙实在是太过宽广,我能就此谈到何种深度,又能在多大程度上展开值得信服的论述,这一点我实在是没有自信。

那些觉得孩子们的诗集都在说些"稀松平常的事"的人,也许是从自己的经验出发,早已知道了孩子内心的宇宙更为宽广和深奥,因而责问我明知道这一点,为何还向很多人推荐这本仅仅写了如此稀松平常事的书。我是一个平常的人。不过,虽说平常,也还懂得一些不那么平常的东西,所以也在进行一些心理疗法等工作,而要把这些不那么平常的东西传授给一般人,却出乎意料地困难。而且,在有关"孩子的宇宙"这一点上,有太多的人连稀松平常的事也一无所知,让我觉得仅仅谈论一下这一点也有着充分的意义。

尽管如此,既然取了宇宙这样一个宏大的标题,我想多少还是应该谈一点不那么稀松平常的事。只不过,要让这样的内容容易被人们理解,是一件非常困难的事情。在这一点上,我觉得自己的能力也许还不够,但我会努力去做这件事。幸好在儿童文学的名著中,有很多关于孩子的宇宙的精彩记述。而且最近也有相当数量的关于对孩子的心理疗法的案例发表,为我提供了大量的素材。我愿意利用这些材料,勉力完成这项庞大的工作。我也预感到最终也许还会写得稀松平常,关于这一点,就交给读者朋友来判断吧。

·长大成人·

前面说过,所谓长大成人,也许就是将童年时所拥有的如此精彩的宇宙忘却的过程。事实上,在我们大人的内心,也各有一个宇宙。只不过大人的心灵往往会被眼前的现实所吸引,例如薪水有多少、怎样提升自己的地位等等,而忘却了自身内心的宇宙。甚至在发觉其存在时,感到出乎意料的恐怖和不安。

大人也许正是为了避免这种不安袭来,才会无视孩子的宇宙的存在,乃至试图进行破坏。因此,当我们反过来努力去了解孩子的宇宙的存在时,我们也许会回想起已经忘却的关于自身的宇宙的一些事,或者有一些新的发现。也就是说,对孩子的宇宙的探索,也自然而然地关系到对自己的世界的探索。让我们带着这样的想法去思考孩子的宇宙吧。

I 孩子与家人

星星

原宏

星星先生

出来了一位

我的爸爸

就要回来了①

• 两颗星星 •

这首诗的作者原宏只有两岁。这首短诗出色地描写了宏和父亲的关系，以及宏的宇宙空间的展开。对于两岁的宝宝宏来说，爸爸是天空中闪耀的星星，而对于这位父亲来说，恐怕宏也是希望之星。两颗星星在宇宙中相互辉映，互相联络。读了这首诗，应该有很多人会情不自禁地露出会心的微笑。

• 家人的意义 •

但是，与家人的关系，并不是每一个人都会是这样。住在同一屋檐下，血脉相连，有时却也会有互相憎恶和仇恨的

---

①   选自《星星先生出来了一位我的爸爸就要回来了》，鹿岛和夫、灰谷健次郎编，宫崎学摄影，日本理论社，1984 年。

情形。或者也有互相深爱同时却无法抑制地产生憎恶感的情形。也许，人这种生物，为了完成心灵的真正成熟，必须体验一下受到否定评价、憎恶、愤怒、悲哀等感情。就是在体验这种情形的过程中，作为无法割断的人际关系，家人才具有重大的意义。不过，大人们也有必要在一定程度上知道孩子一直在进行这种体验，如果大人的共鸣过少，大人和孩子之间的纽带也许会被斩断。对于家长来说，要原封不动地懂得孩子的心近乎不可能，但至少应该进行一些这样的尝试。

1. 讨人嫌的孩子

• 抱有局外人感觉的孩子 •

有些孩子会觉得自己是个讨人嫌的孩子。觉得在家人中，只有自己被当做外人。这种感情再强烈一点，甚至会发展为这样一种想法，即认为自己也许并不是这个家庭的孩子。有些孩子会一直有这种感觉，也有一些孩子在一段时期里会有特别强烈的这种感觉。这种情形有时与父母对孩子的态度并无多大关联，即使父母对孩子再疼爱，也会出乎意料地出现。换句话说，这在儿童的成长过程中，可以说具有一定的必然性。

有一部精彩的儿童文学作品就准确而幽默地描写了这样一位小女孩，她与爱着自己的父母住在一起，却逐渐被逼入窘境，不得不认为每个人都不喜欢自己。这就是贝芙莉·克莱瑞（Beverly Cleary）的《雷蒙娜和妈妈》[①]（*Ramona and*

① 《雷蒙娜和妈妈》，贝芙莉·克莱瑞著，松冈享子译，日本学习研究社，1983 年。

Her Mother）。让我们跟着故事的情节，探讨一下那些"讨人嫌"的孩子。

• 雷蒙娜家的派对 •

主人公雷蒙娜是一位七岁半的小姑娘。家里有爸爸、妈妈、姐姐比泽斯（Beezus）和她自己，一共四口人。这是一个极其普通的美国家庭，父母对孩子也非常疼爱，但对雷蒙娜来说，烦恼却是无穷无尽的。故事从在雷蒙娜家举办的一次派对开始。在被邀请到派对上的人中，有一对肯普（Kemp）夫妇，带来了一个比雷蒙娜还小的小女孩薇拉珍（Willa Jean）。这种情况在美国并不常见，雷蒙娜的父母也很为难，但是来的都是客，总不能拒之门外，这在美国也是一样。于是，当大人们在派对上玩的时候，雷蒙娜就不得不担任薇拉珍的保姆。姐姐比泽斯作为服务员被允许出入派对，而雷蒙娜却只能和任性的薇拉珍一起待在厨房里。可以想象，在这种情形下，雷蒙娜越来越烦躁。偏偏匆匆走进厨房的妈妈还在雷蒙娜的耳边说："乖一点儿哦！"

"雷蒙娜心想，我不是很乖的吗？但是，妈妈来去匆匆，根本没有发现雷蒙娜很乖。"大人们真是任意而为，明明忙得没有注意，却还强加于人地说着什么"乖一点儿"，真叫人受不了。

后来，雷蒙娜在煞费一番苦心之后，终于想出了把餐巾纸给薇拉珍玩,让她一张一张地乱扔,展开了一场愉快的闹剧,这一部分在这里就不详述了。总而言之,非同寻常的派对结束了,客人们正在告别离去。这时,不知是谁看到了比泽斯,说了一句"你真是妈妈的贴心女儿",妈妈也柔声答道:"是啊,没有这孩子的话,简直支持不下去。"这段对话传入了雷蒙娜的耳朵。她甚至还听到别的客人说道,薇拉珍简直和雷蒙娜小时候一模一样。

这天夜里,雷蒙娜在卧室的镜子里观察着自己的脸。

"为什么哪怕一次也好,没有一个人说过我是妈妈的贴心女儿呢? 雷蒙娜心中想道。为什么妈妈不把没有这孩子就支持不下去这句话用在我身上呢?"

雷蒙娜就这样左思右想,难以入眠,而她的父母呢,大约丝毫也不知道自己不经意的话语和行为给心爱的女儿带来了多大的心灵伤害,在派对之后的疲倦之中沉沉睡去。父母对于自己对孩子的爱,似乎有些太过自信。哪怕再怎么爱孩子,如果不去努力探索这种爱应该怎样传达,或者只顾爱孩子,却不思考孩子会如何看待自己的行为,都不能算是称职的父母。

· 不愿被当成孩子看待 ·

不久之后的一天,妈妈在做针线活,雷蒙娜坐在一旁,也想做点儿什么,于是打算给玩具象艾拉芬(Ella Funt)做一条裤子。能够在妈妈身边一边忙碌一边聊天,真是再开心不过了。雷蒙娜沉浸在这种欢乐的气氛中,同时仍然没有忘记向妈妈问一句重要的话:"妈妈,我小时候真的像薇拉珍吗?"

孩子就是在这一点上让人感到可怕。在看似不经意的问题中,其实蕴含着非常重大的意义。这种时候,忙碌的父母嫌麻烦而随口回答一句,就会给孩子的心灵带来很大的伤害。雷蒙娜的妈妈是这么回答的:"你小时候是个想象力丰富、精力充沛的小女孩,而且现在仍然是这样。"雷蒙娜对于这个回答总算放下心来。但是这样的回答应该说也不能得满分,这一点容后再谈。就这样,雷蒙娜一边和妈妈闲扯,一边做针线活,她发现要给艾拉芬做裤子似乎并不是那么容易的一件事。于是妈妈劝她缝一件简单点的衣服,比泽斯也插嘴叫她别做裤子了,不如改做裙子。雷蒙娜终于爆发了,她大声喊道,我就是要做裤子,才不要做什么裙子呢!

比泽斯当然是出于好意,想帮雷蒙娜摆脱困境才劝她做裙子的。但是,姐姐的这句话在妹妹听来却非常刺耳。她会觉得姐姐这句话是把自己排除在外,"我和妈妈的话有这个本领,你还做不了裤子",因而感到自己受到了不公正的被当成孩子的待遇。雷蒙娜宣称一定要做裤子,也完全有可以理解之处。

于是，雷蒙娜的妈妈和所有的美国妈妈一样，以理相劝，说是人生会有很多失望，必须想办法越过它。雷蒙娜的怒气却越来越大，她叫道："我才不要越过去呢！"说着把艾拉芬朝墙上扔去。她还想起来，刚刚在问妈妈自己小时候是不是很像薇拉珍的时候，妈妈并没有明确地进行否定。的确，妈妈对雷蒙娜说的话，并没有直接回答她的问题。这一点也清楚地表明，在和孩子的对话中绝不能掉以轻心。

• 挤牙膏 •

雷蒙娜终于哇的一声哭了出来，钻进洗手间里不停地哭泣，突然发现洗手间里有一支新的牙膏，忍不住想要干一件出生以来一直想干却没有去干的事。她非常想把大型超值装的牙膏全部挤出来。雷蒙娜下定决心去做这件事，把牙膏挤得高高地盘成一团。"成功了！"雷蒙娜非常满意。当然，接下来就糟了。比泽斯发现之后，赶紧报告，雷蒙娜怎么被比泽斯和妈妈整治，这里就不说了。雷蒙娜答应再也不这样做了，事情才终于告一段落。

孩子再小，也想在家庭里拼命主张自己也能顶一个人，雷蒙娜无法忍受有些事妈妈和比泽斯能做到，自己却无法做到。所以她才会作出把牙膏全部挤出来这件大事，这是家中其他人不能做而她却可以做到的。而且，通过这种行为，她也在把内心深处堆积的感情全部倾吐出来。因此，虽然被妈妈严厉地责骂了一通,她后来还是感到一种"说不出的快感"。孩子的行为虽然看上去像是在捣蛋,其实却带有出人意料的深层意义。

• 新的睡衣 •

关于雷蒙娜和她的家人,还有很多有趣的故事,这里就不详述了,我们来看最后一个故事。雷蒙娜穿上了新的睡衣,欢呼雀跃。本来,她所有的衣服都是姐姐穿旧的,这次能穿上新衣服,她简直开心极了。因此她打定主意穿着睡衣,再在外面套上衣服去上学。一开始还是很高兴的,可越来越热,雷蒙娜开始感到难受了。指导老师拉奇(Mrs. Rudge)发觉了,关心地问她是不是生病了,雷蒙娜悄悄向老师说出了自己的秘密,并且听从老师的建议在洗手间里脱下了睡衣,放在课桌里。老师和她约好,这件事绝不告诉她妈妈,雷蒙娜觉得自己最喜欢老师了。

可是,雷蒙娜把睡衣给忘在学校了。尽管如此,雷蒙娜还是设法骗过了父母,但拉奇老师却给妈妈打来了电话。其实老师是因为其他不相干的事情打来电话的,但雷蒙娜却贸然断定老师打破了约定,不禁大发脾气。

雷蒙娜从正面盯着妈妈,开始怒吼起来:"我最讨厌拉奇老师了!因为她的话最多。她对我一点儿也不好,还老是撒谎,我恨死她了!"父母和姐姐比泽斯都被这番话给惊呆了。

再加上雷蒙娜自己说出了把睡衣忘在学校了，跟自己前面的话自相矛盾，使得她的怒气更加无法抑制了。

• 宣称离家出走 •

"没有一个人喜欢我，全世界所有人都不喜欢我！"雷蒙娜高声喊道。当雷蒙娜说爸爸和妈妈都只爱姐姐时，比泽斯也开始辩驳说，雷蒙娜的考卷和画被贴在冰箱上，自己的东西却没有一张贴在任何一个地方。爸爸妈妈听到这话也大吃一惊，他们压根儿没有想到，比泽斯竟然会有这样的想法。总之，比泽斯的抗议让雷蒙娜的怒气火上浇油，最后雷蒙娜宣称要"离家出走"。

雷蒙娜大话已经说出口，本想让大家吓一跳，但却适得其反。妈妈冷静地问她："你什么时候出发？"到了这个地步，雷蒙娜无可奈何，只好说着"我去整理行李"，走进了自己的房间，但心底里却在越来越强烈地期盼着有谁来挽留自己。过了一会儿，妈妈来了，雷蒙娜松了一口气，出乎意料地，妈妈却拿来了皮箱，说是来帮她整理行李的。

在妈妈为她整理行李的过程中，雷蒙娜不断想着妈妈是多么的温柔，觉得再也无法忍受，却一点儿办法也没有。雷蒙娜眼泪汪汪地去提行李，发现太重了，自己根本就提不动，这时她心里忽然涌现出了希望："是不是妈妈故意把行李弄得这么重……"妈妈和女儿面面相觑，互相拥抱着痛哭流涕。

雷蒙娜终于听到妈妈说出了自己一直以来最想听到的那句话："没有了亲爱的雷蒙娜，妈妈没法过下去。"

• 爱与憎的体验 •

雷蒙娜本来一个劲儿地认为自己"讨人嫌"，这样一来，她的心情终于平静下来，雨过天晴了。后来，雷蒙娜问妈妈为什么会用这种处理方式。妈妈回答道："因为我觉得哪怕和你争吵，也没有什么用啊。"看到这里，我觉得这位妈妈非常聪明。当雷蒙娜提出要"离家出走"，并声称只有自己在这个家中不受欢迎时，的确是"哪怕争吵，也没有什么用"。当人的感情猛然朝着某个方向流动时，如果想要阻止它，有时反而可能会助长这种感情的爆发；而置之不理的话，有时也会陷入无法挽回的境地。最好的办法就是顺着对方感情的流向，寻找合适的逆转机会。雷蒙娜的妈妈深知雷蒙娜的性格，又非常爱她，所以才找出了最好的办法。也就是说，一边为雷蒙娜的"离家出走"提供帮助，一边找出不会互相伤害的逆转感情流向的转折点。而对雷蒙娜来说，她也在很短的时间里，深刻体验了对家人的憎与爱，并由此懂得了自己的心灵宇宙空间的展开，从而迈向下一次成长。

2. 离家出走的愿望

• 孩子与离家出走 •

《雷蒙娜和妈妈》讲述了很多日常生活中司空见惯的家庭场景,在理解孩子的心理方面给出了很多重要的提示。这里我们就其中最后出现的"离家出走"这个问题进行一下探讨。有非常多的人在童年时想要离家出走,或半真半假地进行过这样的行动。从未有过这种想法的人反倒是少数。

有趣的是,关于童年时的烦恼,在堀内秀[①]和工藤直子的对谈中,就谈到了离家出走这件事[②]。堀内秀提到,自己曾经被哥哥们说成是"在桥下捡来的孩子",痛苦不堪,最后想到了离家出走。不过他也说到,在兄弟姐妹之中,只有自己特

---

① 堀内秀,笔名 nada inada,源自西班牙语 nada y nada,意为一无所有。

② 《谁都有过烦恼》,堀内秀、工藤直子著,日本筑摩书房,1987 年。

别受到父母的宠爱,因而感到很不好过。这明确地说明了前面提到过的一点,即产生想要离家出走的想法,与是否得到父母的疼爱是没有关系的。小学四年级时,堀内在挨了一顿不分青红皂白的责备之后,嚷嚷着"我再也不要待在这个家里了"跑了出去。"我记得,最后我躲在储藏间里,听着妈妈叫着自己的名字,知道妈妈在找自己,仅仅因此而感到放下心来。原来我是一个值得妈妈担心地寻找的存在。"知道这一点,他的心情终于平静了下来。这可以说是体现了小学四年级学生的"离家出走"的一个典型案例,应该有很多人有过类似的经历。

而工藤则说自己经常进行"离家出走的幻想"。躺在榻榻米上,在心中想象自己离家出走的样子。在反复想象的过程中,就觉得自己似乎已经离家出走回来了。在幻想的世界中尝试过离家出走的人,应该也不在少数。

• 自立的意志 •

在这些离家出走的背后,存在着孩子自立的意志和作为个体的主张,这一点谁都可以发觉。孩子突然之间觉得自己是一个独立的人,有自己的主张,一旦把这种想法付诸行动,就会出现"离家出走"。但孩子们会发现,外面的世界并不是那么温和,自己还不能一个人独立生活下去。因此,在离家出走的时候意气风发,最后却只能以回家告终,弄得不好,还会体会到一种挫败感。

　　把孩子的离家出走理解为对父母的一种抗议，父母因此而就自己对待孩子的态度进行反省，这种情况下亲子关系会出现改善，正是所谓的"争吵之后关系反而更为融洽"。我在其他作品中曾经详细记述过这种情况的典型案例①，这里就从另一个不同的角度来探讨一部以离家出走为主题的儿童文学作品。

• 克劳蒂的离家出走 •

　　柯尼斯柏格（E. L. Konigsburg）的《天使雕像》（又名《克劳蒂的秘密》）②（*From the Mixed-up Files of Mrs. Basil E. Frankweiler*），是以离家出走的孩子为主题的名著。一般来说，在儿童文学中提到离家出走，往往会描写感情的纠葛，但是柯尼斯柏格超越了这种感情，在与更深层的本质相关的角度描写了"离家出走"。这本书描述的是小女主人公克劳蒂（Claudia Kincaid）拉着弟弟杰米（Jamie）一起离家出走直到返回家中的一段故事，其特征是，在整个过程中，没有一个出场人物流过哪怕一滴眼泪。说起来，在离家出走的故事中，眼泪可以说是必不可少的。而这本书却是明朗而轻快的离家

---

①　《成为大人之难》，河合隼雄著，日本岩波书店，1983年。
②　《天使雕像》，柯尼斯柏格著，松永富美子译，日本岩波书店，1975年。

出走故事,但是绝不失之轻佻肤浅。相反,正如前面所述,其中蕴含着与人的本质息息相关的重要见解。

"克劳蒂知道自己绝不可能采用传统那种背着背包然后怒气冲冲离家出走的模式。"故事的开头就是这样。如此说来,前面讲到的雷蒙娜的离家出走,正是所谓的"传统模式"。克劳蒂是个差一个月就满十二岁的女孩,她的离家出走的确是新式而独特的。她进行了周到的计划,首先,她选择纽约市大都会博物馆作为离家出走的地点,就足以令人惊奇不已。那么,她为什么会产生离家出走的念头呢? 她在家里是老大,有三个弟弟,而父母对待孩子的态度存在着不公,也就是说,很多情况下弟弟们都在玩儿,却只让她一个人干活,这成了她决定离家出走的契机。说起来,这也是离家出走的常见理由。

• 因为我是我 •

克劳蒂在积攒离家出走的费用和准备的过程中,有时几乎忘记了自己究竟为什么要离家出走。关于这一点,作者写道,也许克劳蒂有着自己也没有清楚地意识到的离家出走的原因。作者用诙谐的语言写出了这个原因:"也可能是日复一日的生活作息使克劳蒂疲乏了。她已厌倦了自己老是得A+。"

克劳蒂是这个世界上独一无二、无可替代的女孩。但是仔细一想,自己的日常生活与这个身份却一点儿也不相符。每天的生活和那么多女孩们一模一样。虽说门门功课得A+,但这样的孩子在美国也有的是。"我不是别人,而是克劳蒂·钦卡德,这一点就像我是我自己一样清楚明白。"她能在心中这样对自己说吗?要证实这一点非常困难。如果只是每天重复千篇一律的生活——哪怕这种生活过得多么出色——是无法证明自己的独特性的。也就是说,克劳蒂的离家出走,虽然不知道她本人在多大程度上意识到了,其实和自我同一性(identity)的确立有着密切的关系。

但是,说起自我认识的确立,所谓传统的离家出走的模式,哪怕有些乍看起来像是胡闹,应该说和自我同一性之间也是有一定的关系的。因此,克劳蒂的离家出走,哪怕从本质上来说其实并没有什么新意,但她明确地意识到和处理了迄今为止没有人正视的问题,可以说还是有其新鲜之处的。

• 天使雕像的秘密 •

当然,选择大都会博物馆作为离家出走的地点,无论是否别具一格,从故事的本质来说,都只是一种点缀,这样写本身就反映了作者高超的才能。在博物馆中发生的种种有趣的小故事,这里一概从略。不过,有一尊小小的天使雕像却不得不提一下,这尊雕像在克劳蒂和弟弟杰米"居住"在博物馆的时候开始被展出。大都会博物馆在拍卖中仅仅花了二百五十美元买下了这尊雕像，关于它是不是米开朗琪罗早期的作品，却引起了人们的纷纷议论。克劳蒂对这件事表现出了异乎寻常的关注。

克劳蒂和弟弟杰米一起，利用"居住"在博物馆中的特权，积极投身于揭开天使秘密的活动。他们调查了雕像，研究了文献，却还是一无所获，最后克劳蒂下定决心直接去拜访雕像原来的所有者——阔绰的法兰威勒太太（Mrs. Frankweiler）。弟弟杰米已经开始想要回家了，克劳蒂干脆拒绝，并斥责道，如果就这样回家去，只会一切"恢复原样"，搞不清自己为什么要离家出走。

两人倾囊而出，拜访了法兰威勒太太的豪宅。两个孩子来访问法兰威勒太太，声称"来找有关意大利文艺复兴时代的资料"，这引起了法兰威勒太太的好奇心，于是会见了他们。她发觉，这两个孩子就是最近在报纸上着重报道的失踪孩子。在一番交涉之后，克劳蒂提出想要知道那尊雕像是不是米开朗琪罗的作品，保证只要弄明白这一点，马上就会回家。夫人答道："这是我的秘密。"并询问两个孩子这一个礼拜都跑到哪儿去了。对于这个问题，克劳蒂干脆地回答道："那也是我们的秘密。"

• 拥有秘密的意义 •

夫人赞叹道："好样儿的！"并确定自己很喜欢这两个小

孩了。夫人被克劳蒂不屈不挠的态度打动了，同时也准确地猜出了克劳蒂如此热心地想要知道天使雕像秘密的原因所在，因而越来越喜欢她。关于克劳蒂的这个"秘密"，夫人是这么说的：

"带着秘密回家就是克劳蒂想要的。天使雕像有个秘密，那使她兴奋，觉得重要。她并不想要什么历险。……对克劳蒂来说，必要的历险就是秘密。秘密是安全的，使人有不同的感觉。在人的内心有这样的力量。"

因为有了秘密，克劳蒂能够成为一个不同的人。秘密的存在会支撑起一个人的自我同一性。为了保留读者阅读这本书时的乐趣，克劳蒂是怎样从法兰威勒太太那里探听到天使雕像的秘密，两个孩子又是怎样回家的等等，这里就不提及了。我们能够从中发现还有如此精彩的离家出走，以及在"离家出走"现象的背后存在着自我同一性的确立这个重要的问题，就已经可以满意地完成对《天使雕像》这本书的探讨了。而关于拥有秘密与自我同一性的关系，我们将在下一章进行详细的探讨。

• 因寻找家庭而离家 •

关于"离家出走"，还有一种情形不得不提。在现在的离家出走中，有相当一部分是"为了寻找家庭而离家"，或者说这种离家出走是对自己的家已经不再是一个家所提出的警告。家庭法院的调查官佐佐木让举例指出,这种情形的离家出走,最能体现"现在的离家出走"的特征所在①。说是想要"离家出走",但因为作为其基础的"家"已经非常脆弱,虽说采取了"离家出走"的行为,其实却正是在控诉家庭的不复存在。这种离家出走,往往更多采取不再回家而进入某种疑似家庭的形式。所谓疑似家庭,就是由非常紧密的关系所结成的集团,例如大人们所谓的不良少年团伙或暴力团伙等。作为对原有家庭内关系弱化的弥补,这种异常的紧密是很有必要的。

• 疑似家庭 •

例如,在佐佐木所举出的例子中,有一位女孩 A 子,她的母亲两度失踪,父亲又在服刑。A 子在小学六年级的时候就会偶尔去邻县的大城市玩一次,在中学时代,她的离家出走已经成为习惯性的了,还和年纪比她大的男人同居。同居的对象逐渐变成暴力团伙相关人员,甚至还经常性地吸毒。把这个女孩的行为归入品行不端、失足下水,是非常容易的,但我们也必须理解,这个女孩多次离家出走,其实是"寻找家庭"的行为,她在无意中选择了暴力团伙或毒品作为疑似家

---

① 《现在的离家出走》,佐佐木让著,收录于《岩波讲座精神科学 7 家庭》,日本岩波书店,1983 年。

庭或疑似母爱。不为这样的孩子准备一个他们真正需要的
"家",而只是要他们与暴力团伙或不良少年团伙断绝关系,
自然不会有任何效果。

3. 作为变革者的孩子

• 变革的原动力 •

前面已经说过,孩子会通过"离家出走"给父母发出警告。在这一意义上,可以说孩子是整个家庭变革的原动力。当然,孩子自己并没有清楚地意识到这一点,因而比起语言来,更多地以某种行为来表示。

马殿礼子发表了一份咨询报告,是关于一位母亲的,她的中学生女儿出现了家庭内暴力倾向[①]。我们根据这份报告来考虑一下这个问题。

中学二年级学生 A 子,从上一年级时的十月份起,开始不去上学,闭门不出,并试图上吊自杀。抱怨妈妈的饭太晚或太难吃,用力拉妈妈的头发,或者用东西砸妈妈。在妈妈的床边大声吵闹或跺脚,不让妈妈睡觉。说自己的爸爸长得

[①] 《一位女中学生的母亲》,马殿礼子著,收录于河合隼雄、佐治守夫、成濑悟策编的《临床心理案例研究 4》,日本诚信书房,1982 年。

很丑,责怪妈妈"为什么把自己生得像父亲"。作为父母,只觉得 A 子净做一些莫名其妙的事,简直不知如何是好。母亲在主治医师的建议下前来咨询,但还是满脸不高兴,认为"问题都在 A 子身上",就算自己来只怕也没有什么用。

● 母亲的诉说 ●

不过,在咨询师倾听的态度支持之下,母亲终于说出,A 子之所以变坏,都是因为丈夫和婆婆之故。她开始讲述自从结婚以来自己吃了多少苦头。她就这样倾吐着自己的感情,当她发现咨询师会认真倾听她的话,这位母亲就每周都来咨询,倾诉自己的痛苦。她还谈到了自己和丈夫的成长经历。当然,在此期间她有时仍然会为 A 子的拒绝上学和暴力倾向而叹息,但更多的是在诉说自身的生活和感情。

详细情况这里就不说了,总而言之,这位母亲最大的悲叹是,她的丈夫和婆婆之间有着过于强大的同盟关系,作为妻子的自己一直以来都被当做"不花钱的女佣"。照她说来,她丈夫唯一的可取之处就是工作,除此之外可以说是个一无是处的人。

A 子虽然会责怪母亲乃至对母亲使用暴力,但在夜里却会钻进母亲的被窝,因此,母亲提出在 A 子的情形好转之前和丈夫分房睡,丈夫也同意了。不料,这件事对母亲来说,却让她对原本有很多怨言的丈夫,第一次产生了"终于可以正面拒绝的感觉"。

• 母亲的变化 •

这样的情形每周持续着，A子有时在母亲面前撒娇，有时也进行反抗，另一方面总是在说爸爸的坏话，还责备母亲"为什么跟这种人结婚"。母亲反倒觉得"A子在替自己辩护"。在下次的咨询过后，母亲开始想要出去打打零工了。但她还没有下定决心，A子就主动声援妈妈，提出自己可以负担一半的家务。

有趣的是，从下一次开始，母亲的外表有了很大的变化，给人以变年轻了的印象。丈夫也开始开车送她来咨询。她还终于下定了决心外出工作，不过只在A子去上学的时间才上班——A子已经开始上学了——作为咨询师，也很明确她并不是为了逃避问题才外出工作的，因而也非常赞成。最重要的是，A子成为妈妈外出工作的后盾，这一点让人十分开心。

A子较快地发生了改变，愿意去上学了，所以母亲的咨询也在九次之后结束了。作为咨询师，没能看到夫妻关系完全重新确立，依然还有些遗憾，但看到丈夫开车送她来，她对丈夫的心情也表现出了更多的理解，并且会回顾丈夫的成长经历，对丈夫的不幸状态产生共鸣，咨询师认为他们的夫妻关系正在向良好的方向发展，因而也同意咨询到此结束。并不是通过咨询就可以解决一切的问题，一般情况下，咨询可以在某种程度上有所帮助，此外的部分则需要本人依靠自己的力量去解决。

• 生活方式的变革 •

上面并没有说到咨询的详细情况，而只是简单地概括了一下，希望不会引起误解。这里我想说的是，A 子对她母亲生活方式的变革有很大的贡献。这位母亲的生活方式在日本的家庭主妇中极其常见，对于无法切断丈夫和婆婆之间的关联这一点，一直以来都一味忍耐。以 A 子的拒绝上学和暴力倾向为契机，她开始重新思考自己的生活方式，找到了不同于以往的、自主的生活方式。A 子来到母亲的床前大吵大闹或不停跺脚，不让母亲睡觉，这个事实甚至可以认为有着极其深刻的象征意义。也就是说，中学二年级的女儿是在要求自己的母亲赶紧"清醒过来、站立起来"。如果没有女儿的这种强有力的要求，母亲恐怕是不能改变自己的生活方式的。

而且，在这个案例中，咨询师面对的只是母亲，一次也没有见过女儿，A 子的家庭内暴力倾向却收敛了，也开始上学了，这一点给人以非常深刻的印象。这种情形非常普遍。这里再说句多余的话，对于这个案例，希望大家不要认为 A 子的家庭内暴力，原因就在母亲身上，或者就是因为母亲不好才出现的。如果要这样说的话，那么，父亲、婆婆，乃至诉诸暴力的 A 子自身难道就没有问题了吗？这样追究下去的话，就会没完没了。"寻找恶人"往往以徒劳而告终。相比之下，认为整个家庭产生了变革的必要，而 A 子起到了引爆剂的作用，这种想法更为合适一些。在这个案例中，家庭主妇开始外出工作，这种变化发生在变革的过程中，但其实也有完全相反的案例。（事实上，在发表这个案例的书中，也发表了相反的案例①。）女性应该待在家里，或应该外出工作，这种单纯的一般原则并不需要树立，倒不如说重要的是怎样看待这个问题，以及怎样面对生活。

• 两个小洛特 •

作为促进大人生活方式变革的存在，孩子们究竟是怎样的，有一部名著用轻快的口吻进行了精彩的描写，这就是克斯特讷（Erich Kästner）的《两个小洛特》②（*Das doppelte Lottchen*）。这部作品原来是作为电影剧本而写成的，正因为此，它曾多次被改编成电影，知道这个故事的人应该也不在少数。这本书最早是在 1949 年前后出版的，由于第一次在

① 《拒绝上学的 A 子的变化》，长谷川哲郎著，收录于河合隼雄、佐治守夫、成濑悟策编的《临床心理案例研究 4》，日本诚信书房，1982 年。

② 《两个小洛特》，克斯特讷著，高桥健二译，日本岩波书店，1962 年。

儿童文学中谈到了离婚问题,当时曾令人产生划时代的感觉。

两个九岁的女孩,路易丝·帕尔菲(Luise Palfy)和洛特·克尔讷(Lotte Körner),在一次夏令营中相遇,她们惊奇地发现彼此竟然长得一模一样。其实她们俩是双胞胎,在父母离婚时路易丝被爸爸带走,洛特则跟着妈妈,两人分别居住在维也纳和慕尼黑,互相不知道对方的存在。在最初的惊讶过后,她们聊着聊着,知道了自己的命运,互相叹道,爸爸妈妈在决定离婚的时候,"能不能把我们一分为二,其实应该首先问问我们的。""但是,我们那个时候还不会说话啊!"

• 角色互换 •

于是,两个小姑娘想出了一个绝妙的计划。那就是路易丝和洛特互换角色,分别回到父母身边,保持联络,试图让父母复合。这件事实在是困难重重。由于两个人都是"回到"陌生的地方,事先对于彼此的往事和人际关系必须充分了解,而且两个人的性格也大相径庭,几乎可以说完全相反。路易丝性格开朗,精力充沛,而洛特则安静沉稳,内心坚定,不事张扬。此外,路易丝非常喜欢吃煎蛋卷,而洛特并不那么喜欢。

就这样,路易丝变成了洛特,洛特变成了路易丝,各自回家。虽然引起了一些疑惑,总算设法成功扮演了各自的角色。她们的父亲帕尔菲在维也纳是活跃的作曲家,而母亲克尔讷则住在慕尼黑,为杂志的编辑工作提供帮助,各自的生活全不相干,但在两个女孩的充满泪水和欢笑的积极努力下,他们终于复婚了。这个过程中的精彩故事,这里仍然忍痛割爱,以期读者可以去阅读原作。其中给人以最深刻印象的是,在这个过程中,父亲和母亲对于自己原本的生活方式和性格,都进行了反思和改变。不去改变彼此的生活方式,只是单纯地破镜重圆,是很难带来幸福生活的。

• 男性与女性的结合之难 •

在这个故事中,作为大人们生活的变革者,孩子的作用被幽默而深刻地描绘出来。但如果稍微换一个阅读的角度又会如何呢? 在每个人的内部都有很多人。因此,不妨试着把这个故事当做一个人的世界来读。居住在一个人——无论是男人还是女人——内部的男性和女性,要和谐共存是非常困难的。可以认为,这种情形被表述为故事中的路德维希•帕尔菲(Ludwig Palfy)和路易丝洛特•克尔讷(Luiselotte Körner)的离婚。在这两个人的复婚之际,也就是内部的男性和女性再次结合时,路易丝和洛特这两个双胞胎女孩互换角色,煞费苦心,究竟又意味着什么呢? 我认为,这或许意味着,要完成男性和女性相结合这个工作,我们必须在自己的内部进行相当彻底的价值转换。

实际上，所谓内部和外部，也许根本不需要加以区别。总而言之，男女之间要找出真正的关系，的确需要进行彻底的价值颠倒。路易丝和洛特互换角色所引起的一系列麻烦，可以说是这件事的具体体现。在轻松幽默的语言中，我们可以看到伴随着男性与女性之间关系的严重问题。可以说，这恐怕是只有在这一点上有着深刻体验的克斯特讷才能写出来的名作。

• 儿童文学的意义 •

本想谈论儿童的事，不知不觉间话题却变成了大人的重大问题。这体现了我在最开始所指出的一个事实，那就是想要了解孩子的宇宙，就是去了解大人的宇宙。或者也可以说，作为变革者的孩子，就居住在大人内部。这样来考虑的话，我们就会明白，儿童文学并不仅仅是针对孩子的，无论对于大人还是对于孩子而言，它都是有意义的文学。它们作为描写以透彻的"孩子的眼睛"所观察到的宇宙的作品，为大人们指出了一片意想不到的真实天空。

Ⅱ　孩子与秘密

·秘密的意义·

在第一章提到的《雷蒙娜和妈妈》、《天使雕像》和《两个小洛特》这三部作品中,就像是一个主题一样,有一个重要的东西不断产生和出现。那就是"秘密"。雷蒙娜穿着睡衣上学,当她把这个秘密与指导老师分享时,她觉得自己特别喜欢老师。而当她以为老师没能保守秘密的时候——虽然这完全是一种误解——她就决定要离家出走了。对克劳蒂来说,秘密是多么的重要,前面也有所论及。这个故事不以"离家出走"为主题,而是以"秘密"为主题,这一点也体现了秘密所具有的意义是多么重大。而在《两个小洛特》中,路易丝和洛特这两个小姑娘,都把两人偶然相遇的事瞒着父亲或母亲。双方角色互换的秘密,更是不能让任何人知道。

考察这三部作品,每个主人公都试图拥有与其年龄和境遇相称的秘密,甚至可以说故事就是围绕这一点展开的。让雷蒙娜开心的可爱秘密,与克劳蒂想要弄明白的秘密之间,当然存在着年龄带来的差异。路易丝和洛特的秘密还必须面对父母离婚这一严重事件,因而更为重大,甚至还带有危险性。

回想自己的童年,在某种意义上"秘密"占据着其中非常重要的一部分,恐怕大多数人都会回忆起这样的一段往事吧。秘密的集团、秘密的宝藏等等,哪怕它是多么无聊,你却会发现它依然留在自己的记忆中。它既是孩子的宇宙中闪耀的恒星，也拥有黑洞的性质。甚至还有一些人与其说拥有秘密，不如说从一出生就背负着重大的秘密，在自己的生活中时刻注意着不要被秘密的黑洞给吸进去。

1. 秘密花园

• 少女玛丽的成长 •

儿童文学的经典作品，伯内特（Frances Hodgson Burnett）的《秘密花园》[①]（*The Secret Garden*）描写了对于孩子而言（对大人来说也是一样），秘密有多么重要。我们来探讨一下这部作品。在伯内特的作品中，《小公子》（*A Little Prince*）和《小公主》（*A Little Princess*）非常有名，但是应该说《秘密花园》比这两部作品更出色。

主人公玛丽·伦诺克斯（Mary Lennox）是一位十岁的女孩。她原本和父母一起住在印度，父母因霍乱而突然去世，她被带回到英国的舅舅那里。"玛丽·伦诺克斯被送到她舅舅那里，每个人都说没见过这么别扭的小孩。确实是这样。她的脸蛋瘦削，身材单薄，头发稀薄，一脸不高兴。她的头发

---

① 《秘密花园》，伯内特著，吉田胜江译，日本岩波书店，1958 年。

是黄的,脸色也是黄的。"就这样,这个故事的主人公从一开始就格外不讨人喜欢。

这位不讨人喜欢的女孩玛丽,随着故事的进展逐渐变成了一位讨人喜欢的健康少女,而产生这种变化的秘密又在什么地方呢? 关键之所在正是"秘密花园"。玛丽的舅舅自从最深爱的妻子在十年前去世后,就把妻子生前最喜欢的花园挂上一把大锁,并把钥匙埋在了地下。而且,妻子留下的婴儿,面貌与妻子非常相似,他每次看到这孩子都很痛苦,所以把这孩子关起来养育。因而这个名为柯林(Colin)的男孩病病歪歪,过着卧床不起的生活,成了一个禁忌的话题。大家都以为柯林背上有疮,双腿无法站立,而独自躺在房间里。也就是说,柯林也是这个家庭的一个"秘密"。

• 和知更鸟的交流 •

玛丽的舅舅非常有钱,住在一个大庄园里,有非常广阔的领地。玛丽在女仆玛莎(Martha)开朗性格的帮助下,终于走出了屋外。这时一只知更鸟走近她,向她表示亲近。在印度的时候,玛丽就处在很多仆人伺候的环境中,与父母比较疏远,也没有体验过充满温情的人际关系。在和知更鸟的交流中,她逐渐敞开了心扉。充满温情的人际关系是让人敞开心扉的基础,而不曾有过这种经历的苦命孩子,往往是被动物悄悄打开了心扉。对玛丽来说,这动物就是一只知更鸟。

• 拾掇花园 •

玛丽在知更鸟的带领下找到了"秘密花园"的入口和钥匙。那是一个任何人都想象不到的、漂亮而不可思议的花园。在一片寂静中，玛丽竖起了耳朵。"怪不得这里这么安静，"她开口喃喃地道，"我是十年里第一个在这里说话的人。"玛丽被"秘密花园"的魅力所吸引，但是现在还是冬天，她也不知道那些树木是死了还是活着。玛丽想要拾掇一下花园，这就需要帮手了。

女仆玛莎的弟弟迪肯（Dickon Sowerby）是个完全称得上自然之子的男孩子。玛丽被迪肯所吸引，想要请他一起拾掇花园。"你能保守一个秘密吗?"她特意强调着说，"这是一个大秘密。"并把他带到了秘密花园。在这里，玛丽在自然之子迪肯恰当的指导下，用心拾掇花园，而随着花园越来越井井有条，她的身体逐渐发胖和结实起来，乖僻的性情也逐渐消失了。

• 柯林的存在 •

不久，玛丽遇到了这个家庭的另一个秘密。她注意到了大家都缄口不提的柯林的存在。柯林被关在一个房间之内，一天夜里，玛丽听到了柯林的哭声，寻到了他的房间。柯林被仆人们小心翼翼地伺候着，在失去母亲又被父亲抛弃的最糟糕的情况下长大,被认为是体弱多病、头脑不灵。但是玛丽和他接触后,发现并没有这回事,柯林渐渐变得健康起来。玛丽最初很警惕,把秘密花园作为一种幻想中的存在向柯林描述它的情形,但最后向他说出了真相。她决定带柯林去花园。

•保守和培育秘密•

玛丽和迪肯打算把柯林搬上轮椅,带他去秘密花园。为了不被别人看见,他们进行了很多准备工作。柯林非常期待能去花园,"一天天过去,柯林变得越来越坚信他的感觉:环绕花园的神秘感是它最迷人的地方之一。决不能让任何东西破坏它。决不能让任何人怀疑他们有一个秘密"。就这样,三个小孩齐心合力,一直保守着这个秘密,照料着"秘密花园"。

春天来了,玛丽曾经担心是不是死了的树木也开始发芽,秘密花园苏醒过来了,这时,他们家的老花匠本(Ben Weatherstaff)发现了孩子们在花园里。但结果他们却了解到,原来对前女主人也就是柯林的母亲满怀敬爱的本,一直以来都搭着梯子翻过墙照料"秘密花园",只是这两年来因为风湿而不能这么做了,正在不知如何是好。于是三个小孩,再加上本,一起用心拾掇起园子。本发现他原本一直以为残疾而智障的柯林,竟然是一个健康的孩子,感到欣喜万分,更加投入地去收拾花园。

　　就这样，"秘密花园"迎来了华美的春天，然后是夏天、秋天，这期间，柯林那长期在外旅行、什么都不知道的父亲回来了，看到强壮起来的柯林，感到万分惊喜。故事也就迎来了大团圆的结局。

　　当然，像这样只看故事梗概，似乎有些索然无味。正所谓"上帝存在于细节之中"，这个故事的精彩之处，就在于随着情节的发展而展开的关于"秘密花园"的描写，以及孩子们之间交往的细节之中。关于这一点，还是希望读者朋友去阅读原著。

• 少女的内心世界和"秘密花园" •

　　这个故事很好地说明了在孩子的成长以及受伤的心灵痊愈的过程中，拥有秘密是多么的重要。但是，秘密也会不断发展变化，它会产生萌芽，然后与亲密的人共享，最后在所有人面前公开。这部作品完美地写出了这个过程。可以说，在每个女孩的内心世界，都有一个"秘密花园"。这个花园得到怎样的照料，就会以怎样的形式在公开场合"开花"。和小女孩玛丽一起照顾花园的自然之子迪肯、被视作病孩子的柯林，以及老花匠本，把这三个男性看作玛丽内心世界的居民，也是一种非常有趣的视角。

• 玛丽安的梦 •

《秘密花园》是 1909 年的作品,还有一部作品继承了这个主题,记述了少女的内心世界,由同属英国的儿童文学女作家在 1958 年发表,这就是凯瑟琳·斯托尔(Catherine Storr)的《玛丽安的梦》[①](*Marianne Dreams*)。因篇幅关系,这部作品就不作论述了,有兴趣的读者不妨将这两部作品对照着进行阅读。在《秘密花园》中,少女的内心世界还算是被外在化为花园,而在《玛丽安的梦》中,作为梦中所发生的事,一直都在描写内心世界,并且详细描绘了与这种"秘密"相关所伴随的恐惧。

《玛丽安的梦》的主人公玛丽安,和玛丽同龄,也是十岁。而且书中也有体弱多病的少年马克(Mark),与《秘密花园》中的柯林相对应。随着情节的展开,马克也变得越来越健康,这也和柯林的情形一样,这一点非常耐人寻味。无论如何,我们不由得会被十岁少女的宇宙中产生的惊人现象打动。

---

① 《玛丽安的梦》,凯瑟琳·斯托尔著,猪熊叶子译,日本富山房,1977 年。

2. 秘密的意义

• 自我同一性与秘密 •

拥有秘密,也就意味着"这件事只有我知道",因而可以证明"我"这一存在的独特性。秘密与自我同一性的确立密切相关,也是因为这个原因。少女克劳蒂对于"秘密"的获得表现出强烈的热忱,原因也在这里。

所谓自我同一性,是一个非常奇特的词。有时仔细一想,似乎也弄不清它究竟是指什么。"我就是我",这样简单的一句话,也很难让人产生恍然大悟的感觉,这也反映了它的复杂。正如"父亲自我同一性"、"职业自我同一性"这些词所反映的那样,如果把自己存在的基础放在自己是父亲或是大学教授这一点上,那么,它不过是由自己与自己之外的其他人例如孩子或学生等的关联产生的。这样一来,自己的自我同一性是由其他人支撑起来的,如果其他人不存在或不搭理自己,那么自己的自我同一性立即就会崩溃。

相反，"只有我才知道的秘密"并不依赖别人的存在，可以说是支撑自我同一性的绝佳事物。那么，为什么玛丽会把"秘密花园"的存在告诉迪肯和柯林呢？雷蒙娜对于和老师分享睡衣的秘密，为什么感到那么开心呢？（当然，在她以为老师把这个秘密告诉了父母时，她大发脾气。）这里存在着秘密和自我同一性的难题。秘密既是独自保守才有价值的，同时也有通过与他人分享而增值的一面。也就是说，一方面确信自己是独一无二的存在，另一方面希望别的人也和自己一样。

秘密与自我同一性的确立息息相关，说到这一点，可能有些人想要进行反驳。例如那些认为孩子在家长和教师面前不应该有什么秘密的人，以及那些不得不从小背负着秘密并为此吃尽苦头的人等等。的确，秘密有着非常消极的性质。有时候，它就像怎么也拔不掉的尖刺一样，总是让人感到疼痛。不仅如此，它甚至还会起到让人陷入绝境的癌症一样的作用。

• 秘密与对人的距离 •

小此木启吾曾对秘密的心理进行过考察，他指出，"秘密决定对人的距离"①。与他人的距离，取决于秘密的种类与保

---

① 《秘密的心理》，小此木启吾著，日本讲谈社，1986 年。

守方式的不同。拥有"只有我知道的秘密",就明确了自己和别人的距离,从而关系到自我同一性的确立,但在另一方面,它也有着将自己赶入远离他人的孤立中去的可能性。或者,有时通过向某个人诉说秘密得到了亲密关系,但后来这一人际关系变得不愉快了,即使想要保持适当的距离,但因为秘密已经被对方知道,结果连这一点也无法做到。

回顾自己的童年,你应该能想起来自己开始拥有某种秘密的年龄及其内容吧。如前所述,玛丽和玛丽安都是十岁,很多人恐怕也是在十岁左右开始拥有秘密的。有时与朋友分享,或者与一位关系亲密的朋友一起,把秘密的宝物藏在某个地方。我在小学四年级的时候,和朋友们结成了秘密的团体,并创造了 ✿ 这个标记①,在彼此的书信往来中写上这个标记,并为此而满怀喜悦。在我幼小的心灵中,这个标记真的是妙不可言,忍不住想要告诉自己的兄弟姐妹。但是一旦告诉他们就不再是秘密了,因此让我非常矛盾。

• 秘密的处理方式 •

在《天使雕像》中,克劳蒂说道:"守一个秘密太久,别人又不知道,实在很没意思。她虽然不想让别人知道这个秘密,但至少要让人知道她拥有这个秘密。"秘密的处理,确实

_____

①　日语中"三日"与"秘密"谐音。

是非常麻烦的。它存在于两种心情的矛盾之间，一种是想要自己拥有秘密，另一种是想要与什么人共享。这不由令人想到，这一点也与自我同一性所拥有的悖论相对应，即自我同一性本来是只有自己拥有的，却必须存在于与他人的关系中。

• 形成威胁的秘密 •

必须注意到，在秘密中既有会威胁到拥有者及相关者存在的类型，也有"安全的"秘密。例如，《秘密花园》中的秘密，它的存在不会对玛丽形成任何威胁。当然，要一直保守这个秘密，她需要相当小心。相反，如果是关系到自己的短处和弱点的秘密，它的存在往往会表现为一种威胁。有些秘密是必须承担的命运，例如从外表无法看出的身体缺陷，或关于自己身世的秘密等。这种情况下，要一直保守秘密需要大量的精力，会感到或让人感到和他人之间不必要的"距离"。背负着这种秘密的孩子，就会经历不可估量的艰辛。

3. 秘密的保守和解除

• 长着驴耳朵的国王 •

在孩子们非常喜欢的童话中,有一个故事是《国王的耳朵是驴耳朵》。从前有一位国王,不知何故长着一双驴耳朵。他不愿意别人发现自己的驴耳朵,总是戴着帽子。但是这一点瞒不住理发师,因此他每次理发后都会把理发师杀掉。最后,有一个理发师拼命请求饶命,国王就让他答应"保守秘密",放他回去了。但是,这位理发师在保守秘密期间生了一场怪病。算命先生对他说,这种病的病根是想说的话没有说出来,只要对着城外的柳树说出自己想说的话,别让别人听见就可以了。

于是,理发师对着柳树说道:"国王的耳朵是驴耳朵,国王的耳朵是驴耳朵。"说完,他的病马上就好了。但是,每当风吹过柳树,柳枝晃动时,就会发出"国王的耳朵是驴耳朵"的声音,全国的人都知道国王耳朵的秘密了。国王听说之后,无可奈何,只好摘掉了帽子。但是,国民反而对这样的国王更加尊敬,把他称为"长着驴耳朵的国王"。

• 保守秘密之难 •

孩子们在这个故事中,总是不断被"国王的耳朵是驴耳朵"这句有趣的重复逗乐,同时也非常关心那个对他们而言也很重要的"秘密",很感兴趣地倾听着。的确,关于秘密的奥妙之处,这个故事告诉了我们很多。首先是因为保守秘密而生病的理发师。这直接体现了保守秘密是多么痛苦和艰难。有时,秘密就像是侵入身体的异物,不把它排出体外就无法忍受。

人的心灵以一定程度的连贯性而存在。很多情况下,秘密会使这种连贯性濒于破坏。对国王的尊敬与国王的驴耳朵两者很难简单地并存。而且,国王的驴耳朵有很大的新闻价值。理发师忍不住想说出去,也完全可以想象。他一直忍着不说,甚至引起了身体的疾病。

我们心理治疗师必须倾听很多人的秘密,并一直保守这些秘密。为此,我们的内心必须有相当程度的整合性和稳定性。心理治疗师经常容易患上身心疾患,跟这也有很大的关系。这是一项名副其实的"豁出性命去干"的工作。

• 国王的角度 •

让我们从国王的角度来考察一下《国王的耳朵是驴耳朵》这个故事。对于国王而言，"驴耳朵"是与生俱来的命运，是无可奈何的缺陷。他能做的，就是通过一切手段掩盖这件事。为此他不惜杀人。国王所犯下的众多"杀人罪"，是他为了保守秘密，扼杀了那么多的感情和人际关系，这样来思考的话就比较容易理解了。实际上我们也一样，为了掩盖自己的缺点，不知扼杀了多少东西。

顺便提一下，被杀掉的是理发师，这一点也非常耐人寻味。理发师有着改变发型的意义，由于发型与"人格的变化"之间的关联而经常出现在梦境或故事中。（《费加罗的婚礼》*Le Nozze di Figaro* 中的费加罗就是一个典型。）国王执著于掩饰自己的缺点，因而扼杀了自己人格变化的机会。

• 秘密的公开 •

但是，在一个理发师的哀求下，国王动心了，不再杀他。被谁的心情所打动，往往成为进行某种有意义行为的契机。国王终于下定决心，能够勇敢面对自己一直扼杀的感情。国王在自己一直掩盖着的秘密被全体国民知道了之后，没有立即处罚理发师，而是了解了事情的经过，发现原来是"柳树随风摇晃"泄漏的秘密。无论人怎么努力,也有无法对抗"自然"力量的时候。国王知道这一点,因而在自然的力量面前真正地"脱帽致敬"。

面对国王的这种态度,国民尽管知道了国王一直想要掩盖的缺点,却比以前更加爱戴国王了,这一点非常重要。即使自己巨大的缺点被别人知道了,也未必会因此受到别人的蔑视。甚至可以说,国王的缺点反倒成了引发国民敬爱之情的通道。

正如这个故事所显示的那样,缺点或秘密被别人知道了,并不一定成为被蔑视的契机,甚至可能发生相反的情况,但是别忘了,为了实现这一点,需要相应的努力和成熟的时机等因素。轻易地公开秘密,只会伴随着危险。而知道了秘密的人,如果不慎重对待,也会招致危险。

• 幼儿期的体验 •

有一位五岁的小女孩,差点被流氓性骚扰,这成了她的一段非常恐怖的感情经历。她没有对任何人说过这件事。本来想对母亲说,但怎么也说不出口。后来,在她的成长过程中遇到了很多不幸,这些不幸以幼儿期这段体验的秘密为中心,在她心中形成了很深的芥蒂。将近三十岁的时候,因为结婚的事发生了一些纠葛,感到更加痛苦,终于无法忍耐,下定决心向母亲说出了一直隐瞒着的幼儿期的体验。

　　她好不容易下定了决心，而母亲却只是以嘲笑的口吻，报以冰冷的回答："这么大年纪了，还说些什么呀。"面对母亲的嘲笑，她觉得自己被这个世界抛弃了。不久，她结束了自己的生命。

　　"都快三十岁了，还说什么小时候被流氓骚扰的事……"母亲的认识，作为对一个事实的认识也许并没有什么不对。但是，女儿想要和母亲共享的"秘密"，有着远远超过母亲感觉的深层含义。母亲漫不经心的拒绝，甚至让女儿觉得遭到了整个世界的拒绝，并感到自己只有死路一条了。对于这位女性来说，被流氓骚扰的体验凝结了人生所有的恐怖和不可理解。这不是可以简单地用语言说出来的。这种体验不能简单地称为身体或精神上的体验，而是关系到存在本身的体验。她当时没能把这件事告诉母亲，到了快三十岁终于说了出来，这个事实足以深深打动人心。正因为此，母亲的嘲笑才会成为能够夺去她生命的东西。

• 身世的秘密 •

　　在什么时候、对谁、怎样去公开自己的秘密，是极其重要的。一次，有一位母亲前来咨询，她的孩子是领养的，她不知道应不应该把这件事告诉孩子。孩子刚刚出生就被她从亲戚家抱来，本人应该是一无所知的。但是，孩子到了高中二年级,成绩突然下降,给人以非常不安定的感觉。母亲担心孩子也许已经知道了"秘密"。她和一位教育从业者商量,对方说:"不应该隐瞒真相。"但她还是放心不下,又和其他人商量,又得到指点:"只要孩子本人不知道,就不应该说出来。"于是她来向我咨询,到底该听谁的话。

在这种情况下,讨论究竟谁对谁错是没有意义的。双方都有一定的道理,讨论起来都站得住脚。这时,更重要的是,尽管有着各种人际关系和家庭历史,但对于被领养的孩子本人来说,这个事实有多么难以接受,又有多么重大。对于孩子来说这究竟意味着什么,大人能在多大程度上产生共鸣,这是最重要的一点。

·痛苦的分享·

这时,如果我作为"专家的意见",回答这位母亲应该继续保守秘密,或应该说出真相,这位母亲就会把自己的责任推卸给专家,放弃本该和养子一起承担的痛苦。因此,我所能做的,并不是说出她所期待的"答案",而是要求父母从内心真正理解这个孩子所处的境地。

这位家长非常通情达理,从和我的交谈中得到了启示,把养父母和亲生父母召集在一起,向孩子说明了为什么一定要领养的缘由,同时因为一直以来让孩子感到痛苦而跪地道歉。孩子由此接受了事实,后来与养父母和亲生父母都保持了良好的关系。

　　在打算公开和分享秘密的时候，如果对于这个过程中所伴随的痛苦和悲伤的感情，没有做好分享的思想准备，是没有办法做好的。

4. 寻找秘密的宝藏

• 游戏疗法的场景 •

秘密对人来说是非常重要的,可以说,在心理疗法的场景中,它经常与某种形式相关联。在针对孩子的游戏疗法的场景中,它也作为重要的事物而出现。针对孩子的心理疗法,只能是尽可能地尊重孩子的自主性,促进孩子自由地游戏。这样一来,在游戏的过程中孩子就能发挥自身的自我治愈力,从而得到治愈。简而言之,就是要给孩子一个平台,让孩子自由发挥自身潜在的自然治愈力。但在实际中,这种操作往往并不是这么简单。接下来我来简单介绍一下"秘密"这个主题起着非常重大作用的一个游戏疗法的案例。治疗师是木村晴子(当时还是研究生)①。

---

① 《和少女 P 子在一起的两年——游戏疗法手记》,木村晴子著,收录于河合隼雄、佐治守夫、成濑悟策编的《临床心理案例研究 3》,日本诚信书房,1980 年。

　　小学三年级学生 P 子，被诊断为情绪不稳定、不适应集体等，被人带来进行咨询。据说她智力的发展也滞后一年左右。初次见面的 P 子在治疗师面前"用直立不动的姿势僵硬地弯曲一下身体打招呼，就像是一根棒子从中间弯曲了一样"。接下来马上开始做被 P 子称为"棒球"的游戏，治疗师扔出球让 P 子去打，玩了一个小时。治疗师在这个过程中的印象是，P 子是个"身材高挑、脸蛋可爱的少女，却总是保持着双眼圆睁的紧张神情。她用带着一丝狂躁的高亢嗓音滔滔不绝地说着，这些话如果用文字写下来，似乎都带着着重号。"

　　在几次游戏的过程中，有时在游戏的间隙 P 子会突然靠近治疗师，接触治疗师的身体，用撒娇的声音说："医生，你能听我说吗？"等治疗师采取倾听的姿势，她又什么都不说地离开了。到了第四次，她说："请您看看我的秘密。"说着从书包中拿出一本书，随后"像是坏掉的录音机一样强迫性地"反复进行说明，并拥抱治疗师。治疗师当然也报以同样的拥抱，但是"第一次抱住 P 子的时候，对于她的僵硬感到非常惊奇。有什么地方不对劲。似乎很缺乏接触感，根本就没有拥抱孩子的感觉"。

　　P 子在第三次游戏的时候似乎要说出什么秘密，却什么也没能说出来，到了第四次终于给治疗师看了"我的秘密"。但遗憾的是，治疗师听了 P 子反复的说明，仍然不得要领。

根据记录,在这次游戏中治疗师更为在意的是,"我究竟能不能真正用力拥抱这个孩子"。

• 排出堆积的东西 •

这种游戏和拥抱不断重复,第八次的时候偶然发生了一件事。游戏疗法结束后,P子想要上厕所。但是在一旁等待P子的母亲正在打瞌睡,治疗师鼓励P子自己去厕所。从厕所出来的P子,反复地说着:"医生,谢谢您,谢谢您,我感到心情好多了。拉出了很多大便,有五大坨。"

不得不说,这是一件非常重大的事件。作为"把堆积的东西排出体外"的行为,大便无论是在梦境中还是在孩子的游戏中都会作为有意义的东西出现。恐怕P子是在治疗师的帮助下,排出了至今积压在心头的"五大坨"感情的芥蒂,因而感到轻松多了。此外,治疗师只是偶然代理了母亲的工作,这一点也必须注意。通过这次大便事件,治疗师和P子的距离一下子拉近了。在心理疗法的过程中,"偶然"发生的事往往有着重大的意义。这个偶然发生的大便事件,可以说也有着强烈的内在必然性。

• 与治疗师的接近 •

治疗师与P子的距离拉近了,其结果在第十一次的时候明确地体现了出来。P子对着治疗师叫了一声"妈妈",然后自己也觉得奇怪:"咦?我怎么把木村医生当成妈妈了?"后来,P子经常叫治疗师"妈妈",治疗师在不经意间也对此作出了应答。

孩子称治疗师为"妈妈",这种情形经常会发生。就连对我这样的男性,甚至也有孩子叫我"妈妈"。有人担心,成为这种母子般的关系,会不会变得无法脱手,其实大可不必。只要治疗师的态度端正,孩子在必要的时候——当然,说不定反而会让治疗师觉得冷酷——会干脆地离开。这个案例的情形也是如此,此时,孩子的成长力量之强不由令人惊叹。

P子与治疗师的距离不断接近,P子开始询问"医生您几岁了",并推测"大概在三十九岁吧"。P子的母亲就是三十九岁,而治疗师其实只有二十来岁。到了第二十次的时候,P子因为感冒休息了两周。这也是经常出现的,当发生重大的变化时,也有很多孩子会出现身体上的疾病。

第二十一次的时候,P子偷偷对治疗师说起了母亲在家里的行为,并称之为"妈妈的秘密",但其内容却不是很明确。从这时开始,治疗师写道:"后来我才发现,我记录的文字已经有一部分不再带着重号了。"

• 治愈剧 •

第二十二次的时候发生了一件戏剧性的事情。她们开始了 P 子提议的"刀客游戏"。P 子扮演钱形平次①,治疗师扮演流氓团伙"棍棒帮"的喽啰。P 子让治疗师朗读棍棒帮给平次的"决斗书",并提出要求:"不可以用您柔和的声音,要用可怕的声音来读。"平次对妻子(以 P 子母亲的名字命名)说声"保重",就告辞走上了决斗的战场。治疗师分别扮演第一位喽啰"三太郎"、第二位喽啰"七五郎"等角色,被平次逐一砍倒在地。P 子目光炯炯地问道:"怎么样,医生? 我演得好吧? 好玩吧?"

关于这时的印象,治疗师写道:"P 子的演技非常逼真,高明得几乎令人瞠目。比她的日常会话更有感情。"这种戏剧可以称为"治愈剧",而这出戏剧的特征是,脚本和导演都由孩子完成,治疗师只要按照孩子的安排去做就行。这时,我们会非常不可思议地觉察孩子的意图,不用进行任何"事先商量"就可以扮演剧中的角色。尽管如此,一位被诊断为智力迟滞、情绪不稳定的小学三年级的学生,在得到可以自由发挥的环境后,竟然能以如此栩栩如生的逼真程度进行表演,也足以令人吃惊。孩子的宇宙,比大人所想象的要宽广得多。

下一次仍然继续进行"刀客游戏"。平次打败了最后一个喽啰"五郎",回到家中和妻子一起为平安无事而开心。治

---

① 钱形平次,日本江户时代的著名捕快。

疗师心想接下来应该是头目出场了，正在暗自鼓劲，P子却出乎意料地宣布游戏结束了："流氓团伙没有了，城里恢复了和平。全部搞定！棍棒帮只有这三个人！"接下来的两次以棒球游戏为主，没有演戏，第二十六次又开展了有趣的戏剧。

• 寻找宝藏 •

　　第二十六次，P子成了"棍棒一号"，治疗师成了"二号"，进行"寻找宝藏"的游戏，去寻找"被盗的钻石"。两人一边用步话机保持联系一边寻找宝藏。治疗师找到了一些石头和玻璃珠，问道："啊，是这个吗？"每次P子都摇头说不是，最后还是没能找到秘密的宝藏。但是P子非常开心地说："太有趣了，您玩过这么有趣的游戏吗？"她欢呼雀跃的样子让治疗师也非常感动。治疗师写下了这样的感想：

　　"关键的钻石没有找到，就像是头目没有出场的战斗一样。但是，在藏着钻石的周边，P子使用了前所未有的精力，带着感情进行了搜索。比起钻石的发现，与治疗师一起搜寻这件事本身似乎有着更重要的意义。"

• 告别的宣言 •

　　稍微简略一些讲讲后面的经过。这时，P子已经不再把治疗师误称为"妈妈"了。第三十次，P子突然宣称："这里我明年不来了。"治疗师惊讶地问 P 子,这是不是她自己的决定,P 子明确地回答:"是的,尽管我很难过。我昨天满十岁了。"孩子的伟大之处就在这里。一边体味着离别的悲哀,一边下定决心从明年起自己一个人往前走。治疗师虽然有些为难,也下定了决心要有效地利用今年之内的十个月。

从这时开始,P 子开始唱一些自己作词作曲的歌。既有《泪水之后的礼物》和《离别歌》等哀伤的歌曲,也有《两个人一起去那片原野》和《穿着 T 恤的你》等开心的歌曲。让人感到,她把告别治疗师、开拓自己的道路这种心情用歌曲表现了出来。

第三十六次,P 子突然问:"木村医生,您会死吗?"然后进行了一段时间的关于"死"的问答。另一方面,她精力充沛地玩着,甚至从架在乒乓球台上的梯子上跳下来,她称之为"马戏游戏"。虽然有精力是好事,但也存在着危险,治疗师非常担心,建议她停止这个游戏,但 P 子还是要继续玩,根本就不听。P 子喜欢做的事,都想让她去做,但因为担心,治疗师拼命说服了她,终于和她约定下次只能跳五次。

关于"死"的问答还在继续,第四十九次,P 子问:"医生您会死吗? 我也会死吗?"面对这个提问,治疗师反问道:"你认为我们俩有一个人会死吗?"P 子振奋起来,答道:"不,不要! 死了可就不得了了!"她久久地抱着治疗师说:"我很喜欢您。"与最初的时候相比,这次的拥抱"接触感"要多得多。她还唱了一首《木村老师之歌》来称赞治疗师："木村老师，真了不起，目光闪闪，如同太阳……"

• 与过去的自己诀别 •

在倒数第二次，也就是第五十四次的时候，P子一边念叨着"离别"和"寂寞"，一边把食钱兽①放在沙盘游戏所用的沙盘中央，慢慢地撒上沙子埋起来。P子把它称为食钱兽的坟墓，她说："食钱兽并没有干什么坏事，也并不残暴，但是它会吃钱，还是会给大家带来麻烦。"她用鲜花装饰着坟墓，用手指在坟墓两侧分别写上"食钱兽之墓"和"再见，食钱兽"的字样。治疗师"觉得被埋葬的食钱兽是从前的P子自己，心里感到很难受"。

第五十五次是最后一次，P子轻松地玩了很多游戏。她反复地说着："就在今天告别吧。"还问："再见了医生，等我上中学了还能来吗？"治疗师回答："我会一直等着你的。"得到治疗师的保证之后，P子"带着极其平淡的表情回去了"。而且，根据报告，她在班级里不再像以前那样作出出格的行为了。

• 与秘密同呼吸 •

这里的介绍比发表在专业杂志上的文章简略了很多，但

---

①　食钱兽，Kanegon，日本儿童电视剧《奥特曼》中的一个怪兽。

比较详细地介绍了一个游戏疗法案例的过程。之所以这样做，首先是希望大家能够明白这样一个事实，即只要提供这样的场所，孩子们会如何生动而创造性地表现自己的世界。同时也是希望大家能对游戏疗法的实况有所了解。说到心理疗法，有些人会觉得不过是大肆挖掘来访者的秘密，但实际上正如在这个案例中所示，相比之下我们对待秘密更为慎重。而在这种姿态之下，秘密就会自然而然地被分享。

这个案例还说明，对于治疗师而言，首先需要的不是对孩子的内心进行探索、测定或分析，而是对孩子心灵的细微动向作出敏感的反应，尽可能在其所显示的世界中共同呼吸，是一种感受性和参与姿态。

• "秘密"与"宝物" •

那么，在这个案例中，所谓"秘密"究竟是什么呢？P子主动说到"我的秘密"，但内容却不明朗。敌人的头目也不明确，宝物也没有找到。关于怎样看待这一点，也许有各种各样的意见，但我的看法是，对于P子而言"秘密"是非常重要的，恐怕不能简单地用语言表达出来。而且也不是可以轻易到手的。哪怕从P子的年龄考虑，不能明确地用语言表达，也是理所当然的。

P子想要得到的"宝物"，也许并不是有着确切形状的东西，而是一种全新的体验，那就是得到了一个和她一起热心寻找宝物的人。所以P子才会对这个游戏感到如此兴奋。这个游戏本来应该一直持续下去，而不是可以说上一句到此为止就结束的。在"刀客游戏"中头目没有出场，恐怕跟这也有关系。换句话说，P子在游戏疗法的房间中所经历的一切全都是"宝物"，对P子来说，这些在治疗结束后也应该持续下去。

P子曾经想要诉说"妈妈的秘密"，有时又把治疗师误称为"妈妈"，而且不懂被别人拥抱时应该怎样才更自然，从这些事实中可以推测，P子所寻求的宝藏，与她和妈妈的关系之间一定有着很大的关联。可以想象，通过与治疗师的互动，P子改变了与母亲的关系，也许这才是"母亲的秘密"，才是"宝藏"。P子无法把这些明确地用语言表达出来，但应该说她得到了自己想要的东西并感到心满意足。

一开始把治疗师误称为"妈妈"，后来在自己导演的戏剧中，她自己成了钱形平次，不断大显身手，打败治疗师扮演的流氓团伙喽啰，然后回到与母亲同名的"妻子"身边，一起为平安无事而开心。之后不久，P子就不再把治疗师误认作母亲，一边说着"尽管我很难过"，一边作出了告别的宣言。这种出色的变化是从孩子的主体性动向中产生的，这一点简直令人惊叹。如果大人们面对这个智力迟滞、情绪不稳的孩子，想要进行某种"指导"，是绝不可能出现这种卓有成效的情形的。对于孩子宇宙的广度，我们大人应该表现出更多的敬意。

Ⅲ 孩子与动物

• 与动物的交往 •

孩子们很喜欢动物。这几乎可以说是一个超越时代和文化差异的真理，但最近我觉得这种倾向似乎一下子加强了。鹤见俊辅指出，在和小学生座谈的时候，他问："开心的事是什么？"孩子们异口同声地答道："和动物在一起的时候。"这个回答让他非常吃惊[①]。他慨叹现代人际关系的糟糕，得出了这样的结论："与其希望人与人之间的关系不再糟糕，亲近动物、植物及风景，似乎是一个更值得依靠的方法。"的确，甚至可以说，孩子们在与动物的交往中，深刻领会了与人交往的方法。

在第二章中已经介绍过的《秘密花园》中，第一次向心中有着深深伤痕的小女孩玛丽表示亲近的，是一只知更鸟。从与这只知更鸟的接触中，她紧闭的心扉终于向别人打开了。

当我写下本章"孩子与动物"这个标题，我想起了很多关于孩子与动物关系的例子，以至于不知道该选用哪些例子。其中还有一些人与动物间产生的不可思议的交流，几乎要令人问上一句是不是真有此事。有时会让你觉得，这只动物是代替了这个孩子而死去。当然，所谓"不可思议的故事"，即使对于那些亲历其境并息息相关的人来说是可以接受的，而

---

① 《日本的今天》，鹤见俊辅（日本战后重要的政治思想家、哲学家）著，收录于《岩波讲座教育的方法 1 学与教》月报，日本岩波书店，1987 年。

在事后听人讲起，或者阅读写成文字的故事，甚至会让人觉得傻乎乎的。讲些什么，又该怎么讲，是个很难的问题。

也许，在心理或身体有病的时候，人的感受性有着不可思议的敏锐，从而可以体验到与动物之间意想不到的交流。生病有时甚至是一种特权。当然，所花费的成本也是巨大的。

1. 动物的智慧

• 不开口的孩子 •

有个名叫 K 君的小学一年级男生,在学校里一句话也不说。K 君在家中不仅经常说话,甚至让家人觉得话太多了,而一出家门就完全不说话了。这种情形比较常见,被冠以"选择性缄默症(Selective Mutism)"的诊断名。也就是说,在某些场合下什么话都不说。或者明明会说话,但从某个时刻起完全不说话,这种完全缄默的情形,是极其少见的。而选择性缄默的孩子,在每个学校都会有那么一两个。

选择性缄默症的孩子,由于最初的任课老师对待方法的不同,今后的发展会有很大的不同。如果教师采用嘲笑和忽视的态度,其他孩子也会跟着这样做,孩子心灵受到的伤害越来越深,发言的机会只会越来越少。那么,既然这孩子肯定不会开口,索性任其自生自灭,一开始就贴上"不开口的孩子",这样的做法也不妥。最理想的做法是带着适当的期待对待孩子,不给孩子带来太大的压力。那么,究竟应该怎么做才好呢?

• K君与乌龟 •

作为教师,完全不必为此焦虑,只要用温暖的目光看着孩子,自然就会产生某种契机。有一次,班级里的一位同学抓来了一只乌龟,把它放在水槽里,在教室里饲养。但是,缄默的K君似乎对这只乌龟非常中意。他会灵巧地抓蚊子给乌龟吃,并感到非常开心。老师发现,这孩子在学校里总是很紧张,但在面对乌龟时,表情却变得温和起来。于是老师和全班同学一起爱护这只乌龟,并不时向K君搭话。K君还是没有开口,但在大家谈到关于乌龟的一些事情时,他有时也会点点头。

但是,一天早晨,孩子们来到学校,发现乌龟不见了。老师说:"不好了,K君非常喜欢的乌龟不见了。"全班同学一起在整个学校里寻找。但他们的努力白费了,乌龟还是没有找到。大家正在遗憾的时候,K君突然哇的一声哭了出来,大声喊道:"小K的乌龟不见了!"同学们都惊呆了,过了片刻,从同学们中间爆发出一阵掌声:"哇!K君开口说话了!"从那以后,K君在学校也开始正常地说话了。

这个故事非常令人感动。一只乌龟的存在,为沉默的K

君巧妙地提供了发出声音的"时机"。不过，要创造这样的时机，任课老师平时周到的关照也是不容忽视的。当然，教师是无法预料到事情的发展的。但教师看透了 K 君对待乌龟的态度，通过与其他孩子一起密切接触乌龟，一直与 K 君保持着一定的心灵沟通，这是非常棒的做法。要重视孩子的心灵，但重要的是具体用什么形式来做。只要仔细观察孩子，一定能找出通往孩子心灵的道路，就像是这种情况下的乌龟那样。

• 本牟智和气的故事 •

沉默的孩子第一次开口说话的"时机"非常令人感动，而这种"时机"往往和动物有关。在《古事记》[①]中，记述了垂仁天皇[②]的儿子本牟智和气，虽然他并不是选择性缄默，但他第一次出声发话与动物之间的关系，非常耐人寻味。垂仁天皇的王子本牟智和气，一直到胡须垂到胸前都不会说话，据说有一次，他听到仙鹤鸣叫着飞过天空，发出了咿哑的声音。王子从此开口说话，但后面的故事就略去不谈了。总之，出生以来一直没有开口说话的孩子，在空中飞翔的仙鹤的触动下发出了声音，这一点给人以非常深刻的印象。动物的姿

---

① 《古事记》，日本最早的史书，包括天皇世系和神话传说等。
② 垂仁天皇，日本第十一代天皇，公元前 29 年至公元 70 年在位。

态,往往有着打动人们内心深处的力量。

• 一位校长 •

作为孩子们的支持者,动物拥有神奇的力量,这一点在下一节也会讲到。但有些人对此却根本不理解。有一位拒绝上学的孩子,长期闭门不出,有一次精神好了一点儿,去拜访一位朋友,朋友答应送他一只鸽子。于是他对父母说想要养鸽子。父母去请教一位熟识的校长,能不能让孩子养鸽子。校长一听,马上说:"养鸽子的孩子里没有一个像样儿的,千万别养!"父母听从了这个忠告,结果,原本好不容易打起了一些精神的孩子又消沉了下去,情况相当恶化之后,不得不到作为专家的我们这里就诊。

"养鸽子的孩子里没有一个像样儿的",校长说的这句话,似乎有点太过极端了。不知你有没有发觉,即使这个判断是正确的,由此得出不能让孩子养鸽子的结论,也还是不恰当的。例如,因为"喝药的人里没有健康的人",所以"不能喝药",这样的道理讲得通吗?只要稍微想一想就会发现其中的可笑之处,但哪怕是这样的理论,只要是从教育从业者等身份的人嘴里说出来的,马上就会通行无阻。这就是关于教育之于孩子的可怕之处。多数情况下,孩子处于无法抗辩的立场。考虑到这一点,我觉得我们在关于孩子的事情上,不应该再轻易地下结论。

• 动物的智慧 •

人是动物，但拥有很多不同于其他动物的知识。由于这种知识体系的积累，可以说人站在其他动物和自然之上，但也许站得太高，成为脱离大地的存在，就像是无根之草一样。当拒绝上学的孩子对动物表现出关爱时，也许可以说，他是在尝试恢复与人类正在忘记的大地之间的接触，恢复动物的智慧。有些大人们忙着赚钱或出人头地，牺牲了与大地之间的接触。对于让拒绝上学的孩子养鸽子这件事采取断然否定态度的这位校长，也许就是这样的人。"养鸽子的孩子里没有一个像样儿的"，这句话是浅薄的人类智慧的极点。不管人类的智慧有多么伟大，我们也不能忘记在其中加入动物的智慧。

2. 拒绝上学与小狗

• 一个高中生的梦 •

拒绝上学的情况在日本有所增多,大众对于这种症状,也都有了一定的了解。当然,现在不肯上学的孩子,有各种各样的原因和情况,也不能完全一概而论。本书并不是专门讨论拒绝上学的,因此这一点也从略,只稍稍讲一讲一个拒绝上学的孩子与小狗之间的关联。再补充一句,这里所提到的案例,并不是自己偷懒或厌学,而是自己想要上学,却无法做到。或者即使勉强到学校去,也会出现头痛、呕吐等身体症状,无法在学校待下去。

一个拒绝上学的高中男生,报告了自己下面的这个梦:

和妈妈一起乘巴士旅行。本想带小狗去的,把小狗带上了车,却被要求不能带狗,又把小狗送下车,交

　　给祖父之后出发了。觉得这似乎是和小狗的最后一面。

　　做这个梦的高中生,非常喜欢一只小狗。事实上,在拒绝上学的孩子中,有很多是喜欢狗的。与狗之间肌肤相触的交流,会给他们的心灵带来安慰。但在和妈妈出去旅行之际,他不得不离开小狗,这一点他通过做梦体验到了。而且,这种体验甚至让他觉得"这似乎是和小狗的最后一面"。

· 母子分离 ·

　　孩子要自立,必须逐步离开母亲。母子分离无论对于孩子还是母亲,都是非常困难的。而拒绝上学的情况,往往与母子分离的问题有一定的关系,这一点经常被人们指出。这样看来,问题应该是出在母亲身上,但事情没有这么简单。母亲和孩子都各有各的个性,各有各的经历,而父亲与此紧密相关,父亲的态度也就非常重要。不能拿出其中一个因素,就轻易认定这就是"原因"所在。

　　关于这个例子,这里也不详细说了,由于各种情况都凑在一起,作为母亲,有这样的倾向,即过多关注孩子的自立,较少体验自立之前母子间皮肤相触的一体感。自立这件事是很难的,而在这之前必须体会相当程度的一体感。如果程度不够,在分离的时候心里还有遗憾,就无法成功地自立。但如果过度沉浸在一体感中,自立能力也会变弱,这也是非常容易想象的。

•自立的方式•

有些人认为,从母亲身边自立,就是完全切断与母亲的关系。这种事并不存在,从母亲身边自立的人,可以作为自立的人与母亲之间拥有人与人之间的关系。没有任何关系,这是孤立,而不是自立。自立并不是与母亲毫无关系,而是与母亲之间形成全新的关系。这样看来,自立这件事并不是可以一举完成的,要逐步经历不同的阶段,探索相应的自立方式。还是这样的想法比较适当一些。

以关于自立的这种想法为基准,考察一下刚才所述的梦,这位高中生在旅行这个象征着自立的梦境体验中,与妈妈一起行动,却遗憾地留下了小狗。其意义也就很容易理解了。换句话说,在这里,对于这位高中生来说,母亲的形象在梦中被分解为母亲和小狗。他既有着今后必须创建全新关系的母亲,也有着原本必不可少现在却必须留在后面的母亲(以小狗的形式来体现)。

在这个梦境中,体现了他离开小狗的遗憾和决心。所谓自立,说起来是寂寞和悲哀的。如果只被自立的“好的一面”所吸引,无论是本人还是周围的大人都没有注意到它背后寂

寞和悲哀的感情,有时也会因此让好不容易走上正轨的情况
发生逆转。因此,这种感情经常表现在梦境中,巧妙地弥补
了我们的盲点。

• 死与再生 •

　　这位高中生在做了这个梦之后的第二天就去上学了。
实际上,在做这个梦的前几天,曾经发生过一件事,他最喜
欢的小狗被翻斗车碾死了。当时,他几乎被愤怒和悲哀击
垮,后来做了这个梦,以此为契机,开始上学了。这种情况
经常会发生。小狗作为母亲的代理,给了他带有温暖泥土
气息的爱,另一方面,小狗作为他的分身,背负着他在出发
之际必须克服的一面而死去。在人格的变化过程中,经常
伴随着"死亡和再生"的主题,可以说,在这里小狗承担了死
亡的部分。前一章所举出的 P 子的例子中,最后当她埋葬
食钱兽的时候,曾让治疗师感到心中很难受。在那个游戏
中带着象征性完成的事件,在这里作为实际的小狗之死体
现了出来。

　　我们必须知道,人格的变化,往往就是这样与死亡的主
题有着密切关系的。否则,人们甚至会在"帮助"某个孩子
"变好起来"的善意之下,把孩子逼上绝路。说得更透彻一
点,在要求急剧而极端的改善这种愿望的背后,甚至可以说
隐藏着希望对方死亡的潜在意识。考察一下众所周知的户

冢帆船学校事件①,以及最近发生虐杀住宿生问题的不动补习学校事件②,我突然间产生了这样的想法。

• 动物的作用 •

言归正传,在这位高中生重新站起来的过程中,一只小狗成为母亲的代理和自己的分身,最后以身相代,完成了自己的作用。不得不说,它所发挥的作用是巨大的。死后,它仍然出现在梦境中发挥作用。其实,出现在孩子们梦中的动物们,对于孩子们的灵魂也起着非常活跃而巨大的作用,在这里就不详细说了,我们继续来探讨一下拒绝上学的孩子与小狗的案例。

心理疗法专家村濑嘉代子写了一篇《心理疗法与自然》的论文,令我获益良多③。其中谈到"在心理疗法过程中出场的动物的治疗性意义",举出了多达 22 个案例的丰富经历,说明了动物们在孩子的治疗过程中有多么巨大的作用。在

---

① 1983 年被发觉的事件。户冢帆船学校本来是以儿童和青少年为对象的帆船学校,采用包括体罚在内的独特的斯巴达式教学方式,后因问题少年的矫正而出名,在 1979 年至 1982 年发生多起学生死亡、伤害致死和失踪事件,在日本引起了很大反响。

② 不动补习学校是以促进拒绝上学等问题少年的自立为宗旨的住宿式补习学校。1987 年 6 月 10 日,一名私自回家的学生被带回学校,并被殴打致死。

③ 《心理疗法与自然(1)(2)》,村濑嘉代子著,收录于《大正大学心理咨询研究所纪要》,1986~1987 年。

各种各样的动物中，猫和狗出现的次数最多，其中有三个案例讲到了拒绝上学的孩子与狗之间的关系。我们选择其中与本书之前所述的内容关系较深的一个案例进行一下介绍。

• 少女的秘密 •

这是一个十五岁女孩出现不上学伴随家庭内暴力等问题的案例。妈妈"觉得自己没能发挥自己的才能，又甘于忍受不情愿的婚姻生活"，于是对她抱着很大的期望，她就在这种期望下长大。母亲拼命去抓孩子的学习，两人齐心协力地投入到学习中去。然而，这孩子在小学五年级的时候遭遇了性侵害。她没有办法对任何人说起这件事。

在第二章里，我们已经提到了一个遇到性侵害而不能对任何人说并感到苦恼的女性的案例（见本书第二章之3）。一想到这种行为给少女们的心灵留下多么深的伤痕，我就无法抑制对作出这种行为的男性的怒气。同时，想到这些孩子们连母亲都瞒着，背负着秘密生活下去是多么艰难，更是觉得承受不了。这个女孩出现不上学和家庭内暴力等问题，倒不如说是理所当然的。这是受伤的心灵为了恢复而寻求帮助的信号。

这个女孩小学时的成绩非常好，现在却不断下降，升入高中时，她产生了"强烈的偶像坠落的自信丧失感"。这样的孩子，无论智力水平多高，都不可能继续学习下去。但这种孩子一般被认定为没有能力或偷懒,不仅被教师和同学们放弃,有时连家长也会丧失信心。

• 患有皮肤病的狗与肮脏的自己 •

幸好,在这种情况下她结成了和治疗师之间的人际关系,终于能够逐渐恢复过来。这孩子和治疗师发现一只患有皮肤病的肮脏小狗待在树荫下,结果,孩子抱住了那只狗。她有过敏症,受到什么刺激马上就会咳嗽,所以她抱着肮脏的小狗,让治疗师大吃一惊,她自己也深感奇怪:"真不可思议,抱着这么脏的小狗,却没有咳嗽!"

以此为契机,这孩子向治疗师说出了一直保守秘密的关于"肮脏的自己"的体验,在治疗师"你一点儿也不脏"的保证下,她终于慢慢地重新站起来了。治疗师推断,她是把这只狗当成感到自身肮脏的自我形象,她抱起肮脏的狗,其实是对这个形象接受并试图重新整合的行为。应该说,这件事也是在包容一切的治疗师的陪伴下才能达成的。有过敏症的孩子,看到患有皮肤病的狗,不由自主地抱起来,自己也对"为什么没有咳嗽"觉得不可思议,这一点实在令人感动。

• 时机成熟 •

面对拒绝上学的孩子,心理疗法专家不会陷入怎样才能让孩子去上学、不愿意上学的原因是什么等等简单的念头，而是首先试图共享孩子的世界。在这个案例中，也有着治疗师"通过绘画、音乐和测试等"逐渐建造一个能够两个人共享的世界的记述。在这些朴素的努力的支持之下，时机成熟的时候，一只狗出现在两人面前。通过亲自抱住肮脏的狗，少女终于下定决心，向治疗师坦白了自己的秘密，说出了那让自己一直觉得"被玷污"的经历。

如果不去理解事情的完整经过，体会"时机成熟"时的美妙，而从这些故事中得出"孩子不愿上学，只要给他动物就行了"的结论，那可就大错特错了。无论是动物还是"时机"，都是自然来临的，而不是别人可以给予或预备的。这里有一些不能忘记的重要条件，例如孩子必须是出于主动性的行为而产生与动物之间的关系，并且必须存在这样一个人，能和孩子拥有足以让它变得有意义的人际关系。

因为看到了很多关于拒绝上学的孩子与狗之间的关系，所以就在这个标题之下展开了论述，但正如村濑嘉代子列举的很多其他例子所显示的那样，孩子与动物的关系当然并不仅限于表现在拒绝上学和狗之间。这是需要画蛇添足地补充一句的。

• 作为分身的动物 •

关于孩子与动物的关系，最后还要提一点。那就是孩子既会非常喜欢动物,有时也会突然欺负乃至虐待动物这样一个事实。有的孩子非常喜欢猫或狗,家里的其他人稍微摸一下也会发脾气,突然之间却会对它又踢又打,狠狠欺负,简直像要杀死它一样。关于这一点,只要回想一下刚才所讲的一点,即动物是被孩子作为父亲、母亲或自己的分身而接受的,就可以理解了。也就是说,孩子为爱与恨这两种相反的感情而苦恼,处于自己也不知如何是好的状态。孩子既有希望母亲一直抱着自己的愿望,同时又有哪怕一脚踢开母亲也想要离开的心情,两种感情的纠葛体现在对待动物的态度之中。(请大家回忆一下,在本书第一章之 3 A 子的案例中,A 子一面对母亲施加暴力,有时却偷偷钻进母亲所睡的被窝中。)这种心理活动在对自己的心情上也是一样。既有觉得自己无比可爱的时候,也有极其厌恶自己的时候。孩子在对动物表现出爱憎两种态度时,大人不要觉得这孩子"反常",而应该理解孩子心中无可奈何的内心纠葛。

3. 幻想

• 幻想的小狗 •

前面讲过了对于孩子们来说与动物的交流拥有多么重大的意义。既然动物有如此重大的意义,那些想要饲养动物却无法实现的孩子又该怎么办呢? 菲莉帕·皮尔斯(Philippa Pearce)的《幻想的小狗》①(*A Dog So Small*),可以说是对这个问题的绝妙解答。这部作品的意义还不止于此,它还告诉我们更多、更有意义的东西。关于这部作品,我已在其他地方详细论述过,这里就简单谈一下它与我们所探讨的问题之间的联系。

主人公少年本(Ben),是住在伦敦平民区的布理维特(Blewitt)家的孩子,排行居中,有两个姐姐和两个弟弟。在善良的父母和姐弟们的包围之下,乍看上去他似乎很开心,

---

① 《幻想的小狗》,菲莉帕·皮尔斯著,猪熊叶子译,日本学习研究社,1976 年。

尽管如此，他却体会到一种说不出的排斥感。看来，人无论处在怎样的优越环境中，都有不得不体会排斥感和孤独感的时候。这可以说是人类这一存在必然具有的东西。尤其是对于孩子来说，自我意识比以前更强烈，在走向自立的过程中，必然会意识到自己是不同于他人的存在，因而，无论周围的人多么好，都会感到说不出的排斥感和孤独感。

而给这样的本带来安慰的，就是幻想。本喜欢幻想一只强大的狗。他在心中描绘着在俄罗斯冰雪覆盖的荒原上与野狼战斗的俄国狼狗（borzoi）的雄姿。俄国狼狗在荒原上与狼搏斗，狠狠撕咬着。在本的心中，开始向着自立进发的自我，一定相当强壮，这种强壮对本而言，就体现为俄国狼狗的雄姿。

• 生日礼物 •

本根本没有想过要得到一只俄国狼狗，但非常想养一只狗。住在乡下的祖父也许是觉察到本在兄弟姐妹中有点孤立，答应在他生日那天送他一只狗。本欣喜若狂，翘首期盼着生日。但是，从祖父那里送来的，只是一幅画着小狗的画，并不是真的狗。祖父虽然答应送给本一只狗，但不能对他一个人特殊，而给每个孙子孙女都买一只狗的话，价钱又太贵了，而且祖父觉得本所住的公寓里恐怕也不能养狗，所以才送来了一幅画。

• 吉娃娃阿小 •

本万分沮丧，同时也感到很生气，但他从祖父写来的信中体谅了祖父的心情，于是去拜访祖父。他从祖父那里了解到，画中的狗是一只品种非常珍贵的狗，这幅画是本的叔叔远航去墨西哥时，作为礼物带回来的。画的背后写着"Chihuahua Chiquitita"的字样，其中"Chihuahua"本是墨西哥一个城市的名字，而"Chiquitita"的意思是"非常小的"，这恐怕是画中小狗的名字。

这只名叫阿小的小狗，从此就住在了本的心里。本一闭上眼睛，阿小就会出现。本对狗非常着迷，去图书馆查阅吉娃娃犬的相关资料，却发现"吉娃娃犬可供食用"，这让他感到无比震惊。因此，他做了一个噩梦，梦见自己差点儿就被食人族吃掉，吓得大声尖叫，让母亲担心极了。

母亲知道本想要养狗却没有办法养，还去图书馆查阅关于狗的资料，劝他不要过多考虑狗的事情。母亲问他，是不是还想要狗，本回答不想要了，他心中念念不忘的阿小差点儿脱口而出，却说出了一句并非出于本意的"已经不想要了"。

本为什么没有对母亲说真话呢？这是因为他想要把"他的狗"当成一个秘密。大家可以回想一下上一章所讲的秘密的意义。作为支撑自己的自我同一性的东西,本无论如何都希望自己小小的狗是一个秘密。但正如我们已经说过的那样,拥有秘密同时也是一件危险的事。本从他的阿小那里得到安慰,同时却也为此遭遇了危险。

• 担心的状态 •

从那以后,本一直在心中开心地想象着阿小的样子。一闭上眼睛,阿小就出现在眼前。但是他的家人却一味剥夺他的乐趣。他们担心带有孤立倾向的本,总想跟他搭话,或者和他一起行动,结果却让本与他的家人越来越疏远。无论是在家里还是在学校,他都变得恍恍惚惚、粗心大意。成绩自然也下降了。老师们也发觉了这一点,但对于总是闭着眼睛发呆的本也感到束手无策。

最后,校长认定本的眼睛出问题了,告诉了本的母亲。母亲大吃一惊,立即带他去看眼科医生。但是检查下来视力根本没有问题。母亲追问他为什么总是闭上眼睛,本回答道,并不是看了东西感到疲劳,而是厌倦了去看。

"我已经厌倦了去看。看到的东西——总是一模一样,没有任何变化——总是那么笨重,那么庞大——又大又没劲,没有一点儿可取之处,而且总是一样无聊,永远都在重复着老一套的做法。"

母亲吃惊得目瞪口呆。母亲知道,本正处于令人担忧的状态。但她却不知道应该担忧什么，又该怎样为他担忧。

· 蛹的时期 ·

可以说，这样的事情几乎发生在所有的孩子身上，当然程度不一定有本那么严重。从父母的角度来看，孩子们的想法和行为都莫名其妙，在学校的成绩突然变差，或者本来喋喋不休，现在却变得沉默寡言了。这种情况对于父母来说是非常担心的，但这却是孩子的成长过程中所必需的。我把它称为成长过程中的"隧道"或"蛹"的状态。在豁然开朗之前，必须要经过"隧道"。

就本的情况而言，大人们认为，本因为有着阿小这只狗的幻想所以才会变得古怪，那么只要他抛弃这种想法就可以了。这种看法完全错了。这就像是对着蛹下命令，既然是因为把自己关起来所以不能动弹，那么就赶紧脱去这层蛹，像从前一样（也就是说像毛虫那样）四处爬行。这样做的话，蛹只会死去。或者哪怕还能作为毛虫而四处活动，也会失去变成蝴蝶的机会。

本依靠着想象中的小狗支撑着自己，学会了活泼而大胆地行动下去，而这些体验是内部性的充实，在外部却没有任何表现。但这件事对于将来本的人格的发展，却是非常必要的。只有经历过这样的"蛹"的时期，人才能向前踏进，步入与以前不同的阶段。这时，父母作为起到"蛹"的外壳作用的东西，应该保护孩子不受外界强烈的刺激。在一旁守护着孩子，耐心地等待，就会有新的发展。

尽管如此，人毕竟和蝴蝶不一样，并不是只要完成从毛虫变成蛹，然后化为蝴蝶这样的直线变化就万事大吉了。蛹的时期，有的人很长，也有的人很短。还有人从来没有过蛹的体验。情况因人而异，不可一概而论。但一般来说，相当多的孩子是在十岁上下的时候通过隧道的，即使平安度过这个时期，大部分孩子在青春期中会有隧道的体验。家长们一定要清楚这一点。

• 破茧而出 •

到了一定的时期，蛹也会自己破茧而出。隧道也不会永远持续下去。不用多久就能看到出口。但是，急剧的变化往往伴随着危险。本的情形就是如此。他和家人一起去城里进行圣诞节采购时，闭着眼睛穿过马路，被汽车撞伤了。幸好保住了性命，却也吃了不少苦头。他被立即送往医院，引起了一场混乱。这个时候正是本从蛹中破茧而出的时候。本来他一闭上眼睛就能看到的小狗，此后再也没有出现，变成了"看不见的狗"，支撑着本的内心。本也能和家人形成和睦的关系了。他原本所感觉到的不可言喻的孤独感，也消失得无影无踪了。

• 幻想中的动物们 •

本对"幻想中的狗"有了一番内心的经历,而同样的事情发生在有些孩子面对真正的狗、猫或养小鸟的时候。这时在孩子的心中,都存在着对应于这些真正动物的"幻想动物"。正因为此,孩子们才会沉迷于这些动物。就本的情形而言,因为想要养一只狗而在现实中不可能实现,幻想中的狗的存在才会被放大,可以说其意义是相当明确的。

当本回到现实世界时,发生了交通事故这件危险的事。这种情况非常多。这时,能不能以此为契机顺利地从蛹中破茧而出,本周围原有的人际关系起到了很大的作用。本住院之后与家人之间(包括祖父母)的心灵交流,在原作中作了细致的描写。正因为有了这些,本才能成长为一个开朗的少年。后面的故事也非常精彩,但这里我们就满足于探讨幻想中的动物的存在意义吧。

• 被压抑的幻想 •

幻想对孩子而言如此重要,但如果它被压抑而不能发挥,又会怎样呢?接下来我们来简单谈谈一个明确说明这个问题的案例。有一位母亲带着小学五年级的男孩前来咨询,她认为孩子的智力并不低下,但不知为什么成绩很差。我赶紧和孩子会面,发现他的智力果然不低,甚至可以说是优秀。

这孩子为什么会如他母亲所说,总是得一分或两分呢,简直令人百思不得其解。据母亲说,在家里母亲陪在身边做作业的时候,他非常会做。本以为这样就没问题了,但在考试的时候,他却总是犯些不可思议的疏忽和思路错误,最后的成绩总是出乎意料的差。

仅仅与这孩子交谈片刻,我就发现他是个想象力非常丰富的孩子。我和他谈的是"你喜欢什么地方"这个稀松平常的问题,他说自己喜欢旅行,一边还向我描绘了他想去却还没有去过的地方的景色,说得绘声绘色,栩栩如生。把他诱导到放着沙盘的地方,让他在沙盘中做些什么,他马上动手做了起来。我本以为我会看到一个想象力丰富的作品。这种在沙盘中进行创作的方法,被称为"沙盘疗法",是由我引入日本的,现在已经被广泛应用,取得了很好的效果。

出乎意料的是,这孩子所创作的作品,并不是那么丰富,但准确反映了这孩子所处的境地。狮子和大象被完全封闭在狭小的空间中。看到这里,我感到这孩子丰富的想象力完全被压抑了。也许孩子是由于母亲对成绩差的焦虑,在家中母亲的陪伴下做作业时,把弦绷得紧紧的。而在去学校参加考试的时候,被压抑的想象力突然间爆发出来,心思四处乱飞。所以才会造成意想不到的疏忽。而妈妈更加焦虑,对孩子就更加严格,结果只能是恶性循环。

·打破栏杆的大象·

我正在想着，这孩子稍微动了一下大象，说道："大象正在用鼻子推栏杆。"我感到非常有希望，而母亲也非常通情达理，完全接受了我的说明（这种情况不太常见）。

我期待着下一次他会创作出大象打破栏杆走出来的作品，结果，这孩子一来就在沙盘中创作了名为《打破动物园栏杆的大象》的作品，令我大吃一惊。大象气势汹汹，横冲直撞，踏毁了自卫队的坦克。我对这幅作品非常感动，拍了照片，但有趣的是，不知从何处有光线进来，关键的大象所在的位置曝光了，几乎没有被拍出来。这就像是在暗示，这孩子心中所涌现出来的幻想非常精彩，无法将其收纳到我的心中。因此，这里无法提供大象横冲直撞的照片，读者朋友可以各自在心中描绘当时的情形。

只有这个孩子，仅仅进行了短时间的面谈，问题就解决了。母亲接受了孩子想象力的丰富，孩子在考试中愚蠢的失误马上就消失了。孩子把被限制的想象力，表现为被关在栏杆里的动物，这种心理活动的确非常了不起，令人感叹不已。

Ⅳ　孩子与时空

衣柜

谷川俊太郎

衣柜右边的抽屉

塞着假发和梳子

衣柜左边的抽屉

全都是塑料勺子

而正中央的抽屉

被牢牢地锁起来

最上面的抽屉

被参谋本部的地图占据

第二个抽屉中

是多得漫出来的名古屋腰带

第三个抽屉

不知为何完全是空的

最下面的那个抽屉

一打开就有小老鼠跳出来

打开衣柜门的中间

是一处陌生的郊外

在风尘仆仆的黄昏

有一个拍球的女孩

咚咚咚，球儿拍啊拍

拍一下，长一岁①

·衣柜的门·

读了谷川俊太郎的这首诗，我不由想到，每个人都有自己的"衣柜"。也许有些人衣柜的抽屉中装满了宝石，也许有些人在里面放了很多草纸。但"打开衣柜门的中间"，却变成了异次元②的空间。好不容易有了自己的"衣柜"，一辈子却一次也没有打开"柜门"，也未免太不幸了。当然，也许有人一打开门就会遇上意想不到的危险，但想要没有任何危险地抓住幸福，本来就是不可能的，所以这也是没有办法的事。

但是，仅仅拍了三下球，时间就过了三年，这种事会有吗？读了这首诗，我马上想起了儿童文学的杰作，C. S. 路易斯（Lewis）的《纳尼亚传奇》③（ *The Chronicles of Narnia* ）。这是英国的故事，与日本的衣柜也许大不相同。当打开一个古老衣柜时，出现了一个全新的世界，也就是纳尼亚大陆。

---

① 《除此之外》，谷川俊太郎著，日本集英社，1979 年。

② 异次元，不同于我们存在的这个世界的另一个时空，常被当做时空隧道的代名词使用。

③ 《纳尼亚传奇》(全七卷)，C. S. 路易斯著，濑田贞二译，日本岩波书店，1966 年。

孩子们在这里经历了一场宏大的史诗。这场经历在现实世界中只有十五年左右，而在纳尼亚大陆却长达数千年。

在现实的世界中，时间和空间是非常重要的。我们在这个世界上的定位，取决于"何时、何地"。只有明确"何时何地"，遵守约定，我们才能见到想要会面的人。这是非常重要的。但现实中也有事情不那么顺利的时候。会有误会，也会有事故，甚至翘首企盼的恋人在交通事故中丧生的情况也可能发生。在这种时候，我们就会深切体会到人在这个世界上的无常。

• 超越时空的世界 •

在无常的现实世界背后，其实另有一个超时空的世界，知道了这一点，人们就可以真正放下心来。在探讨《秘密花园》时，我说过在所有女孩心中都有一个秘密花园，这一点倒是正好与这里的论点契合。

孩子们对于现实世界中超越时空的世界的存在，知道得非常清楚。大人们则过多地被现实世界所束缚。大人们经常说"忙"，这也许是为了避免对这个世界感到无常，而逃避到忙碌当中去。孩子们的超时空世界的体验，对于我们大人来说也有很多值得学习的地方。本章中我们就来探讨那些有过超时空世界体验的孩子们。在儿童文学中有大量关于这种体验的名作，几乎令我犹豫该选哪些才好。

1. 什么是时间

·旧钟报出的"时间"·

说起关于时间的儿童文学名作,很多人会想到菲莉帕·皮尔斯(Philippa Pearce)的《汤姆的午夜花园》(又名《大座钟的秘密》)[①](Tom's Midnight Garden)。众所周知,英国儿童文学作家、批评家 J. R. 汤森(Townsend)高度称赞这部作品道,"如果要从第二次世界大战后的英国儿童文学作品中选出唯一一部我心目中的杰作"[②],那就是这部作品。这部作品不仅与时间有关,也与空间有关,会让我们思考超时空世界的存在。

主人公少年汤姆·朗格(Tom Long)因为弟弟彼得

---

① 《汤姆的午夜花园》,菲莉帕·皮尔斯著,高杉一郎译,日本岩波书店,1975 年。

② 《英语儿童文学史纲》(下),J. R. 汤森著,高杉一郎译,日本岩波书店,1982 年。

(Peter)出了麻疹,没有办法和家人一起度过难得的暑假,独自一人被送到亲戚阿伦(Alan)姨父家。这是一个古老的宅子,被分隔成一些公寓,一进大门,大厅里有一台巨大的老爷钟。这台大座钟走时非常准确,但报时的钟声却非常混乱,有时明明是五点,钟却只响一声。

这台大座钟却是整个故事的推动者。也就是说,这台大座钟就像是在宣告"有两种时间"一样。时间滴滴答答地走着,对任何人来说都一样流逝,这台大座钟的指针就准确地抓住了这一点。但是,对人来说还有另外一种时间。那就是对于每个个人来说的"时间"。时针一个小时的长度,对于有些人来说可能只是一瞬间,对于其他人来说又有可能正好相反。有时候,十年前的事如同发生在前不久,而最近的事情却像是很久以前发生的。"时间"像是有生命一样,会发生变化。这样一想,这台大座钟可以说是意味深长。一边通过指针的运动报出公平流逝的时间,一边发出钟声来报出另外的"时间"。

• 秘密的后院 •

一天夜里,汤姆睡不着觉,突然听到大座钟敲了十三下。这事非同寻常。"这件事给汤姆带来了变化。汤姆凭直觉明白了这一点。汤姆开始思想斗争,他躺在床上辗转反侧。周围的寂静似乎预示着要发生什么事。整座楼房似乎屏住了呼吸,黑暗笼罩着周围,催促他回答一个问题:'汤姆,大座钟敲了十三下,你打算怎么办呢?'"

照着大座钟所报的"时间",汤姆走下楼去,打开大厅的后门一看,眼前是一片从未见过的花园。第二天,汤姆发现那里根本就没有花园,只有杂乱无章的垃圾箱。从那以后,每到夜里,汤姆就会去这个"秘密花园"玩。这对于汤姆来说是魅力无穷的体验,充满了各种不可思议的事情。在那里,"时间"甚至会逆转,被风吹倒的大树,下次再去又会恢复原状,在那里遇到的人物,也会突然间回到幼年时期。这些不由让人觉得,"时间"并不是笔直流逝的,而是螺旋卷曲着,形成了一整块。

• 哈蒂的存在 •

汤姆在"花园"中遇到的人中,只有一位名叫哈蒂(Hatty)的少女看得见他,并能和他交谈。其他人似乎完全看不见汤姆。汤姆和哈蒂一起游戏,一起捣蛋,逐渐被哈蒂吸引。这时,汤姆的心中发生了很大的变化,本来那么想回家,现在却一心想留在阿伦姨父家里,哪怕拖延回家的时间也在所不惜。也就是说,"秘密花园"的魅力,比父母等待着自己回去的家还要大。

这对于少年汤姆的成长来说是非常重要的。汤姆有生以来第一次发现了比自己的父母更有魅力的存在,而且是一个超越日常时空的存在。对于汤姆来说,在"打开衣柜门"的世界里,存在着一个花园,那里住着一位名叫哈蒂的少女。而在彼侧与此侧,时间的流逝完全不同。在那边经历了很多事情,回到这边,时间却一点儿也没有过。有时,这边才过了一天,那边却过了好几年。总之,这种超时空的世界支撑着汤姆的存在,让他离开父母也能生气勃勃地活下去。这是孩子在走向自立的过程中必须经过的一步。

这里再补充一句题外话,如果本来就觉得自己的家没有魅力而被其他东西吸引,那就是另外一回事了。如前所述,在这种时候,孩子反而会"为了寻找家"而离家出走。

汤姆完全被花园和哈蒂吸引了,甚至想要永远留在那边的世界里。但是,哈蒂很快就长成了一位年轻的女性,她的心思都转到同龄的男性身上去了,几乎忘记了汤姆。而且,家里也开始催促他回家,汤姆非常焦急,但从后门通往花园的路已经走不通了。汤姆非常难过,却迎来了意料之外的结局。

• 梦的共享 •

汤姆发现,这个大宅子的主人、同时也是那台大座钟的主人巴塞洛缪太太(Mrs. Bartholomew),其实就是"哈蒂"。巴塞洛缪太太这才知道,每天晚上她在梦见从前的经历时,汤姆都会进入她的梦中。得知出现在自己梦中的少年汤姆实有其人，太太也感到惊喜交加。她说自己年纪大了以后，总是回忆过去，梦见过去。每晚在她的梦中都会出现"花园"，似乎不仅是她的力量，其中也有汤姆的力量。"她对汤姆说，在这个夏季之前，她从来没有如此频繁地梦见这个花园，而且，在这个夏季之前，她从来没有如此逼真地感受到小姑娘哈蒂的那种感觉——渴望有人陪她一起玩，渴望有地方可以玩。"

少年汤姆因为离开家而感到孤独，想要和谁一起玩，他的这种心情，与怀念过往的巴塞洛缪老太太的心情发生共鸣，产生了奇特的梦境体验的共享。而这种梦境对于两人来说都是意义非常重大的体验，成为他们此后生活的强大支柱。

关于这部作品，菲莉帕·皮尔斯在"作者的话"的最后写道，"老太太在自己的内部有一个孩子。我们大家在自己的内部都有一个孩子。"我还想加上一句"孩子们在自己的内部也都有一个大人"。否则，汤姆是无法如此深入地体会巴塞洛缪太太的回忆的。孩子和大人之间互相支持，其程度比一般人所认为的更为深远。

• 少女与"时间"的故事 •

下面再来介绍一部以少女为主人公的关于"时间"的名著。这就是阿利森·厄特利（Alison Uttley）的《时间旅行者》①(*A Traveler in Time*)。这部作品发表于 1939 年,是时间幻想(time fantasy)类的经典作品,到现在也仍然有着重大的存在意义。

主人公佩内洛普(Penelope)是个体弱多病的少女,因而从伦敦来到了蒂西舅妈(Aunt Tissie)所住的萨卡斯(Thackers)农庄疗养。汤姆虽然不是因为自身的疾病,但也是在离开父母期间有了非常深刻的经历,在这一点上,这两个故事中存在共同点,那就是"离开父母身边",这一点非常意味深长。由此可见,作为进行非日常体验的一个条件,必须离开存在日常性亲密关系的空间。

佩内洛普在舅妈家居住期间,一不小心进入了三百年以前的时代。这幢房子属于从几百年前就住在这里的天主教徒巴宾顿(Babington)家族,佩内洛普的祖先曾经是巴宾顿家族的下人。三百年前正是伊丽莎白一世(Elizabeth Ⅰ)把信奉天主教的苏格兰玛丽女王(Mary Queen of Scots)幽禁起来的时代。佩内洛普完全被卷进了她们之间的纠葛之中。佩内洛普所在的萨卡斯的年轻领主安东尼(Anthony)和他的弟弟弗朗西斯(Francis)站在玛丽女王一边,想把她拥戴为英格兰女王。佩内洛普被他们深深吸引,也参加了他们的活动。

---

① 《时间旅行者》,阿利森·厄特利著,小野章译,日本评论社,1981 年。

佩内洛普就这样被他们打动着,但是,非常奇妙的是,她已经在历史课上学过,玛丽和安东尼最后都被伊丽莎白处决了。因此,佩内洛普陷入了难言的苦境,她在协助玛丽和安东尼的同时,必须做好这些爱着的人必然会死去的心理准备。她不堪承受,有时无意中说出"玛丽被处决了"之类的话,在那些"过去的人"眼里,多少有些蹊跷。

• 少女的内心世界 •

仔细想想,这个故事真是奇特。读者带着和主人公一样的心情,期盼安东尼和玛丽能成功,同时却被明确地告知最后只能迎来悲剧的结局。听上去非常古怪,但如果把它看成一位少女的内心世界,也许就可以理解了。

一位少女要长大成人,必须经历"少女之死"。这是无法避免的结局。伊丽莎白是位杰出的女性。但玛丽也充满了魅力。无论有过多少经历,无论流血流泪,要通过这两位女性之间的纠葛长大成人,伊丽莎白必须胜利,玛丽则必须被处死。把这场血流成河的宏大战争,看作发生在少女内心的斗争,就能非常清楚地理解了。

对于少女来说,无法避免的"时刻"总会到来。这个时刻对伊丽莎白来说是品尝胜利喜悦的瞬间,对玛丽来说却是迎来死亡的悲惨"时刻"。必须认识到这种两面性。遗憾的是,由于篇幅有限,不能介绍这个故事,请读者去阅读原作。我认为,这是描绘少女内心世界的为数不多的杰作之一。

• 自我封闭期 •

在故事行将结束的时候,有一段佩内洛普被关在地下室里的情节。她几乎被杀死,这显示了少女在长大成人的过程中经历的"自我封闭期"及其危险性。事实上,的确有些人在这个时期里过度自我封闭,出现了精神疾患乃至为此丧命。那些被称为"自杀者"的孩子们,在他们的内心也发生了伊丽莎白对玛丽的"处决",考虑到这一点,有时我们会觉得若有所悟。可以认为,这是把发生在内心的事情直接体现在外界了。

2. 通道

• 通往非日常世界的通道 •

上野瞭准确地指出了在《汤姆的午夜花园》中所存在的"通道"的意义与重要性。在《现代儿童文学》[①]中,上野瞭论述了作为"儿童文学中'奇妙的世界'"的超时空世界的存在,并探讨了通往这个世界的"通道"的意义。

上野指出:"就《汤姆的午夜花园》来说,后院的门所起的作用是很重要的。在这里,门成了发现人真实的样子和价值的'通道'。"关于这一点,他还进行了如下的详细说明:"所谓'通道',就是在走过它时,可以明确地证实,存在一个与日常世界'毗邻'的奇妙世界。读者和汤姆一起待在门内,这里有着永远不变的现实。读者处在和汤姆所住的无聊公寓一模一样的境地,然后和汤姆一起穿过门,那里有着未知的世界。

① 《现代儿童文学》,上野瞭著,日本中央公论社,1972 年。

哈蒂究竟是谁,墙的另一边究竟有什么,为什么这里的时间与门内的时间性质不一样,这里到处都是需要探索的事情。这是一个勾起人们冒险心的世界,是一个引起人们期待感的世界。这样的世界通过'通道'与平淡的日常世界产生联系,并被连接在一起,其意义就在于此。"

• 彼侧世界与此侧世界 •

通往彼侧世界的"通道"的存在,有很多值得我们思考的地方。如前所述,此侧的日常世界是由彼侧世界所支撑的。但是现在,不仅是大人,就连孩子也很忙(或许应该说是在大人的安排下变忙),与彼侧世界的接触被切断了,因而产生了种种问题。

教育学家蜂屋庆认为,此侧世界是"技术性世界",彼侧世界是"超越性世界",并指出,现代教育的盲点之一,就是热衷于传授并让孩子掌握技术,而忘却了超越性世界的存在[①]。他说:"居住在技术性世界的人,被按照在多大程度上达成'欲望'(目的)来测定。孩子被按照学校的分数测定,被相对分为优秀生和后进生。相对性地对待孩子,已经成了教育的基本。即使绝对性地强调'重视每一个孩子',由于忽视了超越性世界,这种声音也是空洞的。"蜂屋还指出,教师通过接

---

① 《教育与超越》,蜂屋庆著,日本玉川大学出版部,1985 年。

触绝对性的世界,才能"超越孩子性格和力量的差异,把每个孩子都当做绝对的超越性世界的体现,去接触那些有着宝贵的、无可替代的尊贵的孩子"。的确,无视超越性世界,只注重技术性世界,就会让本来相对性的评价带有绝对性的分量,结果就会出现仅仅以孩子们的学业成绩进行绝对性评价这样的事。

但是,这里极其重要的是,如果一味被超越性世界所吸引,有可能会发生几乎可以令人丧命的危险。再引用一次蜂屋的话,"绝对的超越性世界虽然无可争辩地存在,但是,即使可以接触到它,想要住在其中却会被拒绝。如果一定要居住在绝对的超越性世界,就会导致人的毁灭"。被"午夜花园"深深吸引的汤姆,也想过永远住在那里。如果他的梦想实现了,又会怎样呢? 汤姆无论如何都必须回到这边,正因为此,上野所说的"通道"才成为必要。

• 与孩子之间的通道 •

通往彼侧世界的"通道",可以进行各种各样的扩大解释。例如,如果有一个选择性缄默症的孩子被带到我这里来,当我问"你为什么不说话"或"你在家里不是很会说话吗",对方却一句话也不说,那就没有办法了。不仅如此,这孩子的脸也像面具一样毫无表情,就更加毫无办法了。也就是说,在我和他之间没有"通道"。

要带着爱去接触孩子，这一点恐怕没有人会反对。但重要的是我们是否拥有注入这爱的"通道"。每个孩子都是无可替代的，即使极力强调这一点，但这种确信是如何经过"通道"到达孩子那里的，却需要反省一下。如果仅仅通过成绩评价这个"通道"，把所有孩子都同样地按照从一到五排列，就算一直把"每个人都无可替代"挂在嘴上，孩子们也会很容易就会看出这种花招的本质。

• 等待的重要 •

有一个沉默的孩子。我不能马上找到"通道"。这时，不慌不忙地等待是非常重要的。只要等待，通道往往会自然打开。例如在第三章"K 君与乌龟"这段所举的例子中，一只乌龟出现了，并出色地发挥了"通道"的作用。焦急的人、慌张的人是看不见"通道"的。如果教师只依靠自己的力量，想要让这个孩子说些什么，恐怕就无法认识到乌龟的重要性。这位任课老师立即意识到乌龟的意义，并提议全班同学一起照顾乌龟，这种做法太棒了。乌龟发挥了"通道"的功能，全班同学倾注在乌龟身上的爱，传递到了沉默的 K 君身上。

而在完全合适的"时机"，这只乌龟失踪了，值得感叹的是，这成了 K 君开口说话的契机。动物们并没有时钟这种东西，也许它们对于另一种"时机"极其敏感。

• 拥有时钟的动物 •

写到这里，我马上涌现出很多联想。也许稍微有点离题，其中有两点我想要说明一下。首先是"拥有时钟的动物"。不知道你是否记得，在家喻户晓的《爱丽丝漫游奇境记》[①]（*Alice's Adventure in Wonderland*）里，一开始出场的兔子就拥有时钟。兔子自言自语地说："哦，亲爱的，哦，亲爱的，我太迟了。"说着匆匆忙忙地"从背心口袋里掏出一块怀表看看，然后又匆匆忙忙跑了"。爱丽丝跟在兔子后面，跳进了兔子洞中，而这个兔子洞正是通往奇境的"通道"。可以说，兔子起到了把爱丽丝诱导到这里的作用，但兔子所拥有的时钟究竟是怎样的呢？会不会像那台让汤姆惊奇不已的大座钟一样，敲出十三点的钟声呢？试着想象一下，的确非常有意思。当然，后来爱丽丝遇见帽子匠，他的时钟可以涂黄油，也可以泡在茶杯里，可见兔子的时钟应该更为古怪才是。

• 作为引导者的乌龟 •

刚才在写到乌龟与"时机"的时候，我还想到了一点，那就是出现在米切尔·恩德（Michael Ende）的《毛毛》（又名《灰

---

① 《爱丽丝漫游奇境记》，刘易斯·卡洛尔著，田中俊夫译，日本岩波书店，1955 年。

先生》)①(Momo)中的乌龟。《毛毛》在日本拥有很多读者，我在其他地方已经详细论述过②，这里就不重复了。在这个故事中，把主人公毛毛带到掌管"时间王国"的塞昆杜斯·米努土司·侯拉(Secundus Minutus Hora)老人那里去的，就是一只名为卡西欧佩亚(Cassiopeia)的乌龟。在这里，乌龟作为知道重要"通道"的角色出现。

在《毛毛》中，时间是一个重大的主题。侯拉师傅还说，有一种用普通的钟表无法计量的特别的瞬间，他称之为"恒星时"。乌龟之所以作为通往这种超越日常性的"时刻"的引导者出现，也许是因为乌龟被视作与"忙碌"的生活方式无缘的存在。为了宣告沉默的K君开口说话的"恒星时"，一只乌龟出现然后消失了，这种看法也非常有意思。

大人想要知道通往孩子灵魂的"通道"时，急躁是最要不得的。只要用温暖的目光守护着孩子，通道就会从灵魂那里打开。这个过程中也许会有动物的出现，或者有时孩子所喜欢的歌手或演员，也会出乎意料地成为"通道"。找到这些并尊重其存在，就会发生灵魂的接触。

---

① 《毛毛》，米切尔·恩德著，大岛香织译，日本岩波书店，1967年。
② 《"毛毛"的时间与"我"的时间》，河合隼雄著，收录于《潜藏在人的深层次的东西》，日本大和书房，1979年。

3. 来自云彩之上

• 阿信坐在云彩上 •

前面说过，在接触超越时，注意到其存在是非常重要的，而且必须找出"通道"。这里我使用了此侧世界和彼侧世界这样的表达。但这并不意味着这种空间存在于某个地方。说得极端一点，也可以说彼侧世界与此侧世界是一样的，只是由于我们不同的态度，它们才呈现不同的样子。

此侧世界就是彼侧世界，石井桃子的《阿信坐在云彩上》①（ノンちゃん雲に乘る）就忠实地反映了这一点。这部作品最早是在 1947 年发表的，已经是几十年前的事情了。也许有人会觉得没有必要拿出这么老的作品来，但是这部作品有着今日更能发现其价值的地方。我觉得，以现在的眼光来看，这部作品的意义更为明确。我们赶紧跟随着故事情节

① 《阿信坐在云彩上》，石井桃子著，日本福音馆书店，1967 年。

的展开探讨一下这部作品吧。

　　故事从主人公阿信这个小学二年级女生哇哇大哭开始。阿信"一边哇哇大哭，一边吸溜着鼻涕，向葫芦池走去。"阿信并不是个爱哭鬼，今天是因为有特殊情况才放声大哭的。在这个星期天的早晨，阿信醒过来才知道妈妈和哥哥瞒着自己到东京买东西去了。阿信的父母非常称职，也很宠爱阿信，尊重年幼的阿信的人格，在这之前从来没有过瞒着阿信让哥哥一个人占便宜的事情。但是今天爸爸认为阿信身体不好，不适合去城里，因而妈妈和哥哥偷偷地走了。他们俩会在天黑之前回来，所以父母觉得阿信只要稍微忍耐一下就可以了。

　　对于阿信来说，无论理由是什么，比起妈妈什么时候回来这个问题，她更生气的是"所有人……所有人……都合起伙来骗我"。爸爸和姑姑不停地安慰她，但她听不进去。阿信有生以来第一次体验到被最爱的人背叛，这种悲伤的心情却没有人理解。"既然谁也不理解我的心情……干脆我一个人走吧。"就这样，阿信哭着离开了家，来到了附近神社的葫芦池。

• 背叛的体验与通道 •

　　本章讲到的汤姆和佩内洛普，都是在故事的开头离开了父母身边，而阿信的情况比他们更糟糕。汤姆和佩内洛普都是在无可奈何的理由之下离开家，尽管不情愿，毕竟他们自己也同意离开。与之相对，阿信则是对家人的背叛发出抗议——尽管离家很近——而离家出走。由此，阿信也与汤姆和佩内洛普一样，体验到了超越现实时空的世界。

　　这样看来，可以认为对于阿信来说，"被背叛"这件事就是"通道"。的确，背叛的体验很容易成为"通道"。在这之前，对阿信来说妈妈是绝对性的存在。把这世界上的某个存在看做"绝对性的"，是一件很棒的事情。但是，这种想法一定会遇上背叛。这是因为，在这个世界上，绝对这种东西本来就不存在，这是无可奈何的。这时，根据两者之间的现实世界的纽带——即使并不是绝对的——有多么强大，以及背叛者与被背叛者对超越有多么开放的心态，背叛就会变成多么意味深长的"通道"。但如果不具备这些条件，背叛就会发挥作为"通道"的作用。这时就会出现上野瞭所指出的有意义的往复运动。

　　很多孩子即使遇上阿信所遇到的事，也许会觉得"妈妈又骗我了"，或者"下次一定要妈妈带我去"，稍微哭一会儿也就作罢了。而阿信却把这件事看做重大的背叛，拼命地进行抗议，拒绝大人的安慰，哭个没完。正如这种情形所显示的，家人在这之前给了阿信深厚的爱。这种爱与阿信的倔强之间存在着微妙的平衡，意味深长的"通道"就是在这种平衡的基础上打开的。看到这里，我不由觉得，"通路"真是一扇窄门。

• 云彩上的老爷爷 •

话说阿信去了葫芦池,爬上了影子倒映在池水中的一棵枫树。她一看水池,只见水面上映照着天空的云彩,阿信产生了错觉,觉得自己就像是在向天空爬上去一样。她想起了自己在天空中飞翔的梦境,以及和哥哥的对话,想着想着,她手一滑,掉进了池水中。

"啊,糟了,妈妈……她还没来得及想下去,就觉得胸口一紧,似乎从一个狭窄的洞中穿过……下一瞬间,阿信的身体就飘浮在空中了。"

阿信在天空中游来游去,得到了坐在云彩上的像"高砂老夫妇①中的老头"那样的老爷爷的帮助。令人吃惊的是,阿信的同学、总是欺负阿信的长吉也在云彩上,上面还有很多其他的人。就这样,阿信老老实实地回答老爷爷的问题,谈起了自己的"经历"。阿信不断说着自己的父母、快乐的哥哥和自己,这也是这本书的中心内容,但是遗憾的是,这些内容在这里我不得不略去不提。

---

① 高砂老夫妇,日本谣曲中的松树精,原型是兵库县高砂市高砂神社的连理松。

·谦虚的心灵·

阿信在谈到自己的情况时,说了自己是个多么好的"好孩子"。结果老爷爷说:"什么呀……你是在念思想品德课的条目吗?"甚至还说:"这样的孩子,如果不小心一点儿,是要失败的呀!"阿信一直以来都被别人夸赞为"好孩子",听到这话不由感到一丝不安。对此,老爷爷告诉她:"如果对人不虚心,就不能成为有出息的人。"

渐渐地,阿信想要回家了。老爷爷说她必须通过"考验"才能回家。这个考验就是"编一个天衣无缝的谎话",但阿信怎么也编不出来。老爷爷步步紧逼,问道,究竟"是谁说不能撒谎的?是老师吗?还是爸爸?"阿信拼命地想着究竟是谁教的,终于明白并没有谁教,而是"我自己不喜欢……我讨厌撒谎",她觉得自己再也回不了家了,但事实上她因此而通过了这个悖论式的"考验",终于回到了家中。

阿信睁开眼,发现自己躺在床上,妈妈和姑姑担心地守在一旁。原来阿信掉进了池中水不太深的地方,失去了意识,被救起来送到家里的床上。阿信很快恢复了健康。她去上学了,终于也能以不同的态度对待爱捉弄人的长吉了,她觉得自己能和他搞好关系。其实,从这一天起阿信做了班长,本来她很不显眼,不像个领导者,现在她有了今后可以做得更好的自信。"云彩上"的体验,给了阿信从容和自信。

• 视角的相对化 •

阿信坐在"云彩上",并没有和老爷爷一起进行什么大冒险。既没有遇上妖怪,也没有碰到神仙。阿信只是对云彩上的老爷爷,谈起了自己的"经历",仅此而已。这能被称为超越时空的体验吗? 答案是肯定的。阿信通过用"云彩上"的视角来观察,对于自己的家人,对于自己,甚至对于长吉,都开始用全新的角度来看待了。在此侧世界,妈妈对阿信而言原本是一种绝对性的存在,是不是"好孩子",也是绝对性的。但这些被云彩上的视角相对化了。阿信并不是否定这些,而是能够拥有超越这些的"谦虚心灵"了。在孩子的成长过程中,有必要将这世上的某种东西视为绝对并产生依赖,例如家长或教师。但如果一味坚持这一点,就会变得过于自信或视野狭小。这时,通过接触超时空的存在,这种状况被打破,孩子就会取得飞跃性的成长。作为"谦虚的心灵"的必要性,云彩上的老爷爷告诉了我们这一点。

4. 日本与西方

• 幻想的差异 •

这里要讲一些有点理论性的东西。讨厌理论的读者完全可以跳过本节，但作为我个人，很想探讨一下这样的问题。

如前所述，阿信的体验是超越时空的体验，那么，《阿信坐在云彩上》是幻想作品吗？的确，坐在"云彩上"只能在幻想中才能做到。但是，在这部作品中阿信所讲的"经历"，完全都是发生在现实世界中的。那么，是不是应该说在这部作品中，几乎没有幻想的部分呢？

《阿信坐在云彩上》的正文，有用黑色油墨和蓝色油墨印刷的部分。从阿信掉入水池中的下一个瞬间开始，字句就变成了蓝色，一直到阿信在自家床上醒过来，才又一次变成黑色。这种创意也被运用在最近发表并引起人们议论的米切尔·恩德（Michael Ende）的《讲不完的故事》①（*Die*

① 《讲不完的故事》，米切尔·恩德著，上田真而子、佐藤真理子译，日本岩波书店，1982年。

unendliche Geschichte）中。这个故事的主人公、少年巴斯蒂安（Bastian）在此侧世界的经历被印成红色，而在作为幻想国度的"幻想王国"中发生的一切则被印成蓝色。只要对照阅读一下幻想王国的记述和阿信的经历这两段用不同颜色油墨印刷的文字，就能清楚地发现日本式与西方式幻想的差异所在。在日本式的"幻想"中，被特意用不同颜色的油墨印刷的彼侧世界，其实正是我们所说的此侧世界。

• 濒死体验 •

最近，由于科学的发达，让人复苏的技术进步了，越来越多的人在被医生宣告死亡或即将宣告死亡的时候又苏醒了过来。这些人在此期间的体验称为"濒死体验（near death experience）"，进行这方面研究的人也多起来了。根据最早发表这方面成果的雷蒙德·穆迪①（Raymond Moody）的研究，很多人在濒死体验中都有共同的因素，他们会觉得身体变轻了，从自己的物理性肉体中脱出，然后"出现了一个从未体验过的、充满爱和温暖的灵——光的生命。这个光的生命，会向我提出概括我一生的问题……而且，我一生中发生的主要事件，都会在一瞬间连续回放，帮助我总结自己的人生"。在这样说的人中，还有人说当关于自己过往的印象不

---

①　《死后的生命》，雷蒙德·穆迪著，中山善之译。

断浮现时,"那道光还会不时加以评论"。有过濒死体验的人,由此得到"教训",从而极力主张"几乎所有的人,都应该培养一种对待他人的独特而深远的爱,这种努力在人生中非常重要"。

• 现实与幻想 •

读了这些关于濒死体验的记述,我们不由会觉得阿信的体验是以濒死体验为基础的。阿信所遇到的云彩上的老爷爷,可以认为就是濒死体验者所说的"光的生命"人格化的样子。带着这种想法去读的话,这个故事有很多地方让我们觉得有道理。那么,濒死体验究竟是现实,还是幻想呢? 这个问题让人不知如何回答。本来,按照佛教的教义,这个世界上所发生的一切才是幻觉。

要详细论述这个问题,需要另外再写一本书,所以就此简单地打住吧。从结论来说,在西方,尤其是近代以来,人们提出了明确把握这个世界的现实,并只把它当成现实的态度。因此,现实与幻想的区别非常明确地存在,而在日本,虽说已经相当西化,但现实和幻想更多地以交错的形式存在。这是日本很难产生真正的幻想的一个很大的理由。《阿信坐在云彩上》无疑是日本式的幻想作品,但是如前所述,它与西方式的《讲不完的故事》却有着很大的不同。

之所以连篇累牍地写这些复杂的事情,其实是因为我觉得，映在日本的孩子和西方的孩子各自眼中的宇宙，恐怕也是不一样的。当然，这种情况会随着时代的变化而变化，可以说，日本的孩子们正在不断被西化。

而在欧美人们对濒死体验的关心迅速增高，也许可以说是由于欧美开始注意到了东方式的对待事物的见解，也就是模糊现实与幻想之间的界限的看法。也就是说，甚至可以认为日本的少女阿信所看到的世界，对于走在欧美最前列的人来说也是非常值得关心的事。不说发表当时，如果现在把《阿信坐在云彩上》作为幻想作品让欧美人阅读，也许会让他们感到特别有意思。一个孩子所看到的宇宙，其展开有着相当的广度和深度。

V　孩子与老人

• 孩子与老人的亲近性 •

在上一章介绍的故事中，少女阿信遇到了云彩上的老爷爷，是极其重要的。通过用老爷爷的眼光来观察自己的世界，阿信学会了"谦虚的心灵"这件重要的事。

老人与孩子有着不可思议的亲近性。孩子来自另一个世界，而老人马上就要去另一个世界了。两者都与另一个世界相近，在这一点上是相同的。在青年和壮年忙着这个世界上的事情时，老人和孩子被这种不可思议的亲近性连接在一起，互相庇护，彼此共鸣。当然，在一般意义上，老人与孩子正好相反，这也是事实。在相反的部分与共同的部分的互相作用下，老人与孩子之间就产生了有趣的交流。老人与孩子的关系，有很多意味深长的侧面，这里我想要先集中探讨一下"引导者"这一点。引导者究竟意味着什么，看了下文的论述你应该就会明白了。

1. 作为引导者的老人

·佐胁先生·

有一部作品出色地描绘了作为引导者的老人形象，这就是今江祥智的《公子哥儿》①（ぼんぼん）。这部作品我已经在其他地方论述过②，所以这里我们只把焦点放在引导者这一点上。

主人公小松洋是小学四年级学生。他是大阪的"公子哥儿"，过着幸福的生活，但在短短四年之中，不断发生意料之外的变故，最后小松洋感叹道："我已经一无所有了——过去已经死了。"在这四年中，太平洋战争开始了，由于最后日本经历了战败，整个日本都处在困难重重的时代之中。而在这之前，洋的父亲不幸猝死，房子也因为大阪的大空袭而被烧

---

① 《公子哥儿》，今江祥智著，日本理论社，1973年。
② 《今江祥智〈公子哥儿〉、〈大哥〉、〈我们的老妈〉》，河合隼雄著，收录于《读孩子的书》，日本光村图书，1975年。

毁，正是所谓"一无所有"的状态。一直以来所有支撑着洋的东西都在不断崩塌，在这个过程中，有一位老人支持着洋并帮助他成长，他就是佐胁先生。

父亲死后，祖母来到了洋家，但祖母不久也去世了。于是，六十岁的佐胁先生由于曾经得到过小松家的关照，作为"佣人"住到了小松家。就当时来说，六十岁已经完全是老人了，但佐胁有着"干练而结实的身体"，有时甚至有着不比年轻人逊色的敏捷和力量。他原本是黑道上的，现在也很擅长打架。但如果让他画"隔扇画"，他也能展露出惊人的才艺。在佐胁的身上，并存着老人与青年、强壮与柔情。

· 灵魂的引导者 ·

这样一位佐胁先生，作为洋的灵魂的引导者而大显身手。当时有太多的领导者和指挥者。整个日本都蒙上了军国主义色彩，被驱使着朝同一个方向转动。在方向性确定的情况下，指挥者和教师甚嚣尘上。他们对于什么是"正确的"有着明确的确信，认为只要一遍遍重复同样的话就可以了。并且，只要把不听从这种正确方针的人裁定为坏人就可以了。

但是，人们的生活方式能够被这么整齐划一地规定吗？或者说，什么是"正确的"，能够这么简单地决定吗？对此，人的灵魂应该会大声说"不"吧。比如说，洋想要和同班同学白石渚以及偶尔在电气科学馆邂逅的、住在京都的岛惠津子交往。洋的灵魂发出了这样的呼喊。但是，按照当时的道德规范，这种意志不坚定的事情根本就是"坏"的。对此，佐胁并不会就什么是对的，什么是错的妄加评论。不过，他积极地帮助洋与"女孩子"们交往，而面对试图妨碍这种交往的人时则挺身而出。引导者不会被社会的规范或领袖的言辞所迷惑，而只对灵魂的呼声作出回应。在这里，行为比语言更有分量，人的存在本身比概念与规范更有分量。

• 豁出性命的行为 •

佐胁先生的活跃，在他冒充海军少校的事件中迎来了高潮。洋的哥哥洋次郎属于游泳部，由于游泳池被"大日本帝国陆海军军队"征用，学生们被禁止使用。洋次郎想要打听不让用的理由，却因为"军事机密"碰了壁。于是，佐胁先生演了一出拿手好戏，装扮成海军少将进入游泳池，探听出了秘密。这是对当时绝对权威的军队作出的强烈反抗，是的的确确豁出了性命的行为。

这里我们来思考一下佐胁的所作所为有什么意义。洋的哥哥洋次郎与洋不同，完全沉醉于当时的军国主义之中。对他而言——对当时的很多少年们来说也是如此——日本的军队是绝对的。佐胁为洋次郎探听出了他无论如何也想知道的禁止使用游泳池的理由，让洋次郎非常满意；但另一方面,这样做"让大日本帝国军队的风采蒙尘",从根本上动摇了洋次郎的绝对性价值观。内部包含着像这样的矛盾,这也是引导者的特征。他会珍视他所引导的对象的存在本身,尽管如此,却并不是珍视对方作为人的意识形态。

阿信遇到的云彩上的老爷爷,也拥有类似引导者的特性。对于一般意义上的"好孩子"概念,他也表示了明确的反对。但是,作为引导者,他有点儿过于注重传授了。也许可以说,他是介于指导者与引导者之间的存在。

• 引导者的命运 •

就这样,佐胁先生发挥着少年洋成长的引导者的作用,但在战争结束这天却悲惨地被"特别高等警察"①杀死了。在收听天皇那篇有名的演讲②时,只有佐胁先生理解了它的意义,喃喃自语道:"日本战败了。"而其他人根本不能理解广播的意思。当时正好在场、身着便衣的特别高等警察们立即围住了佐胁先生,并将他殴打致死。了不起的佐胁先生以这种方式丧命,真是令人惋惜,但是作为引导者,因为说出真相而

---

① 特别高等警察,日本曾经设置的压制思想和取缔社会活动的警察,第二次世界大战后取消。

② 指日本昭和天皇 1945 年 8 月 15 日在广播里宣布无条件投降的演讲。

失去性命,这样的命运并不少见。而他作为洋的引导者的责任,差不多也该迎来了结束的时机。在某种意义上,这可以说是最适合佐胁先生的结局。

• 忠心的约翰内斯 •

《公子哥儿》中的佐胁先生,可以说是老人引导者的典型,这里我们来看一下西方的与此有着极高相似度的形象。这就是格林童话《忠心的约翰内斯》[①]（Der treue Johannes,也译为《忠诚的约翰尼斯》）中的约翰内斯。先简单介绍一下故事的梗概。老国王在临终之前,叫来了忠心的约翰内斯,请他辅佐自己的儿子。老国王留下了不能让王子看到王宫中的一个房间的遗言,就去世了。王子不顾约翰内斯的阻拦,打开了那个房间,看到了房间里的"金屋公主"的画像,马上就产生了爱慕之情。

为了实现王子的梦想,约翰内斯想出了一个办法。他知道公主喜欢黄金,于是和王子一起打扮成金器商人,乘船去了公主的国度。他们成功地把公主领到船上,并吩咐舵手立即开船。王子在船中向公主求婚并得到了成功。但是约翰内斯听到了乌鸦的谈话,知道王子的生命面临着

---

① 《忠心的约翰内斯》,金田鬼一译,收录于《格林童话集》(第一册),日本岩波书店,1954年。

危险,他根据自己所听到的话,不惜违背王子的意愿,挽救了王子的性命。但由于约翰内斯说出了真相,他变成了一尊石像。后来王子牺牲了自己的孩子,让约翰内斯苏醒了过来,然后约翰内斯又救活了孩子,故事迎来了可喜的结局。

• 引导者的作用 •

在这里概括的《忠心的约翰内斯》这个故事中,约翰内斯所起的作用,与佐胁先生的作用几乎完全一样。首先,他是帮助父亲死后的孩子的"忠臣"。长于策略,富于行动力,擅于"乔装打扮",为主人公和女性的结合提供重要的帮助。虽然是"忠臣",有时也会违背主人的意志,甚至进行威胁主人的行为。而在最后,因为说出了真相,佐胁先生失去了生命,而约翰内斯则化成了石像。其中的类似点非常之多。

在《忠心的约翰内斯》这个故事中,老国王的死,意味着旧的规范和制度的死亡。作为父亲的国王,既希望保持旧的传统,也期待自己的儿子创造出新的秩序,在这种矛盾的心情中,他作出了特意把"金屋公主"的画像装饰在一个房间内,却又禁止儿子去看的复杂行为。在这样的情况下,约翰内斯帮助和引导着王子,引入了这个国家原本没有的新的要素"金屋公主",成功地带来了新的秩序。

• 日本与西方的类似性 •

洋的父亲死了。但是这种情形下的状况更为复杂。由于父亲的死，试图进入小松家的"新的秩序"是军国主义性质的。小松家的人们不断进行着抵抗，或者不如说坚守着死去的父亲的遗志，努力坚持到战争结束所带来的理想的新秩序到来之时。其中佐胁先生可谓劳苦功高，最后还丧失了性命。父亲死后，如果没有佐胁先生的引导，洋根本就无从知道应该遵从什么准则生活下去。作为在动荡不安的时代中生活下去的一个少年的引导者，日本作家所创作的这个形象，与西方童话中老国王死后辅佐王子的忠臣形象有着很高的相似性。这一事实在就孩子的宇宙进行的思考上，的确是非常耐人寻味的。

2. 作为引导者的孩子

·流氓少年萨莱·

前面提出了老人作为孩子的引导者发挥作用的例子,这里我们再来探讨一下孩子作为老人的引导者发挥作用的情形。我们来看一下柯尼斯柏格(E. L. Konigsburg)的《乔康达夫人的肖像》[①](*The Second Mrs. Giaconda*)。在杰作不断的柯尼斯柏格的作品中,这几乎可以说是最好的一部名作。

在书的开头,作者写道,家喻户晓的莱昂纳多·达·芬奇(Leonardo da Vinci),收了一个满口谎言、偷窃成性的倔强少年萨莱(Salai)为徒,并非常重视萨莱,他借钱给萨莱的姐姐作为陪嫁,又在遗嘱中留给萨莱一部分财产,这是一个令人疑惑的事实。为什么达·芬奇会这样做呢? 正是为了回答这个问题,作者才写了这个故事。一言以蔽之,结论就是,

---

① 《乔康达夫人的肖像》,柯尼斯柏格著,松永富美子译,日本岩波书店,1975 年。

萨莱是巨匠达·芬奇的引导者。

这个故事中的达·芬奇也许并不是老人。但是，他的思想和行为都非常自然地给人以"老贤者"的印象。我们就把他当做老人吧。萨莱这个流氓少年作为这位老贤者的引导者而出场，这一点非常耐人寻味。萨莱偷东西的时候，正好被达·芬奇逮住，但达·芬奇原谅了他，并收他为徒。萨莱总是搞一些恶作剧，或者干些蠢事，在小心翼翼、装模作样的上流社会中，萨莱那直言不讳的话语，让达·芬奇非常喜爱。

• 不漂亮的新娘 •

达·芬奇在米兰的统治者卢多维科（Lodovico）公爵麾下服务。卢多维科希望迎娶费拉拉（Ferrara）公爵美丽的女儿伊莎贝拉（Isabella），他把婚礼交给达·芬奇一手安排。但是，在卢多维科求婚之前，伊莎贝拉已经和别人订婚了。费拉拉公爵建议卢多维科迎娶伊莎贝拉的妹妹比阿特丽斯（Beatrice）。出于政治策略，卢多维科答应了这门亲事，但是和姐姐相比，比阿特丽斯怎么也不能算是个美人，卢多维科并不喜欢她。

由于达·芬奇的安排，婚宴大获成功。萨莱拼命地想要看到新娘的样子。但一见之下，不由失望地说："这个新娘体格又小，皮肤又黑，真是太难看了。"这样的新娘，得不到卢多维科的好感，也是理所当然的了。

·伯利恒之星·

婚礼之后，过了三个月，萨莱偶然遇见了比阿特丽斯。他们聊着聊着，发现彼此都喜欢恶作剧，不由产生了共鸣，出现了心灵相通的一瞬间。两人互相凝望着，"在彼此的眼中发现了某种可以理解的东西。他们彼此认同了对方纯粹的恶作剧的才能"。于是，萨莱把比阿特丽斯带到了正在观察花草画素描的达·芬奇面前。达·芬奇正在画素描的，是名为伯利恒之星（Star of Bethlehem）的一种杂草。

因为有了萨莱这位中间人，达·芬奇很快就能够和比阿特丽斯坦率地交谈了。比阿特丽斯被很多随从簇拥着，看上去似乎很幸福，她却这样诉说道："这些崇拜者知道我是谁却不知道我是怎样的人，身边都是这些人，我要怎样才能克服自己的寂寞呢？"她悲叹自己并不漂亮，而且被丈夫忽视。对此，达·芬奇不加掩饰地承认她姿色欠佳，同时给她看自己手中的"伯利恒之星"，对她说道，这种花虽然不显眼，但叶子的构造非常有意思，也许你也可以成为叶子比花更能引人注目的存在。比阿特丽斯也同意这一点，她说自己也在朝这个方向努力，但丈夫却总是对其他美丽的女人动心。卢多维科有一个美丽的情人，名叫塞西利亚（Caecilia）。卢多维科让达·芬奇为塞西利亚画一幅肖像，比阿特丽斯也知道这件事。

萨莱忍不住提出，应该请达·芬奇给比阿特丽斯画一幅肖像，但比阿特丽斯拒绝了。她说自己"容貌太过平常"。对此，萨莱明确地说："可是我喜欢。"达·芬奇也说："我也喜欢。"但是，关于肖像的事她却怎么也不肯答应。

• 挽回丈夫的爱 •

比阿特丽斯与萨莱关系越来越好，达·芬奇也通过萨莱去拜访比阿特丽斯。卢多维科来找达·芬奇，也开始留在比阿特丽斯的房间里。因为他发现自己的妻子有着不可思议的魅力，可以提升艺术家们的技艺。实际上，她的"心中似乎存在着一种看不见的标尺"。为了经受住她特有的这种标尺的评价，很多艺术家带来了自己努力创作的作品，聚集到比阿特丽斯周围。卢多维科发现了年轻妻子的这种魅力，终于对她产生了爱情。通过达·芬奇的眼睛，他发现了妻子的长处。

终于，卢多维科请达·芬奇为比阿特丽斯画像。但比阿特丽斯仍然坚决地拒绝了，她说，与其为自己画像，不如去画一匹马。

比阿特丽斯的姐姐伊莎贝拉以自己的美貌为荣，希望达·芬奇为自己画一幅肖像。但是对于能够看穿人的内心的达·芬奇来说，她并不是让自己感兴趣的对象，达·芬奇怎么也提不起兴致来为她画像。

· 灵动之处 ·

重新得到了丈夫的爱,比阿特丽斯开始经常代替丈夫去访问其他城市,变得繁忙起来,身边的追随者也越来越多。她不再需要萨莱了。萨莱感到孤寂,却也无可奈何。

他们俩在达·芬奇为卢多维科创作的巨马像前相遇了。萨莱满怀期待,但比阿特丽斯对这件作品却没有作出太多的评价。萨莱觉得,也许比阿特丽斯现在满脑子都是宝石和漂亮的服装,已经失去了"看不见的标尺"。事实并非如此。比阿特丽斯指出,这件作品"与其说是艺术品,不如说是努力的产物"。达·芬奇过分地感到自己的责任,从而产生了过分的自我意识,束缚了自己的才能,正因为此,他才需要萨莱身上的那股子"狂野和不负责任"。她说了一席重要的话:"他需要狂野的因素……所有伟大的艺术都需要。需要一种灵动,一种振翅欲飞的气力。有些艺术家可以在作品创作本身的过程中,将这种狂野的因素吸收进去,但达·芬奇做不到……萨莱,你一定要注意,要让达·芬奇一直拥有某种狂野,某种不受责任束缚的自由。"她的"看不见的标尺"并没有失去。

· 比阿特丽斯之死 ·

萨莱与比阿特丽斯的友情恢复了,没过多久,她却因病去世,年仅二十二岁。萨莱告诉达·芬奇她的死讯时,达·

芬奇非常平静。萨莱愤愤不平,生气道:"难道说,神禁止你这位超人爱别人胜于爱自己的作品吗?"达·芬奇承认自己喜欢比阿特丽斯,但萨莱越发激动起来,不依不饶地说,这不是问题的所在,还骂达·芬奇"是一台思想制造机,是一个冰一样冷酷的人"。

比阿特丽斯死后不久,法国军队入侵,达·芬奇和萨莱一起离开了米兰。他们去了佛罗伦萨,途中经过伊莎贝拉那里,伊莎贝拉越来越急切地想请达·芬奇为自己画像,总是纠缠不休。萨莱则在一旁岔开话题,不断拒绝她。有一天,达·芬奇不在的时候,一位商人拜访了他的画室。商人对萨莱说,希望达·芬奇能为自己的妻子画像。萨莱根本就不当一回事,半开玩笑地接待了他,请他的妻子进来了。一看到她,萨莱不由得心中一动。

•乔康达夫人的肖像•

"这位女性知道自己并不美,并懂得接受这一点而生活下去。因此,她接受了自己,拥有了不为人知的深沉和美丽。看她那双眼睛,让我觉得站在她面前,如同正在被比阿特丽斯所独有的那心中的标尺衡量一般。她是一位从别人那里得到过欢乐,也得到过痛苦的女性。她是一位懂得忍耐的女性。她是一位层次丰富的女性。"

萨莱觉得,"她一定能成为达·芬奇没能画成的比阿特丽斯的肖像"。他下定决心要说服达·芬奇为她画像,于是问商人,他夫人的名字是什么。商人喜笑颜开地鞠躬说道:"她是丽莎太太(madonna Lisa),我么,我叫乔康达(Giaconda)。"

故事到此结束了。这个故事不仅回答了萨莱存在的理由,同时对于达·芬奇为什么会为佛罗伦萨一位无名商人的妻子——也就是蒙娜丽莎(Monna Lisa)——创作一幅肖像画,也进行了了解答。达·芬奇创造蒙娜丽莎这幅杰作,离不开萨莱这位流氓少年的引导。

• 狂野的东西 •

对于巨匠达·芬奇来说萨莱为什么必不可少,这一点如同我们已经提到的那样,比阿特丽斯在书中已经作出了明确的说明。不过,这里所提到的"狂野的因素",正如译者在"译后记"中明确指出的那样,是由"wild"这个词翻译过来的。"wild"不仅仅是狂野,它有很多种意思。在野外开放的惹人怜爱的野花也是"wild"。请大家回忆一下曾在作品中出现的"伯利恒之星"这种野草。在 wild 这个词中,包括了所有的这一切。天才的达·芬奇过于关注经过计算的完善,而萨莱承担的任务就是往其中注入打破这种完善的野性。正因为得到了这样的引导者,达·芬奇才能创作出《蒙娜丽莎》这样的杰作。

3. 捣蛋鬼

· 自由的捣蛋鬼 ·

　　上面作为引导者介绍了佐胁老人、忠心的约翰内斯和少年萨莱,这三个人有一个共同点,那就是作为捣蛋鬼(trickster)的性质。不是所有的捣蛋鬼都能成为引导者,但是,可以说所有的灵魂引导者都具有捣蛋鬼的性质。一般来说,老人和孩子往往更多地发挥作为捣蛋鬼的特性。这里我们就这个问题简单地探讨一下。

　　所谓捣蛋鬼,是活跃在世界各地的神话传说中的一种恶作剧角色,其特征是富于策略,神出鬼没,变幻无穷,兼具破坏和建设两个方面。萨莱喜欢捣蛋,这一点在原作中处处体现了出来。佐胁老人也有着非常淘气的地方。在策略这一点上,佐胁老人、约翰内斯以及萨莱都非同一般。他们都进行了接近于恶或者只能称之为恶的行为,这也是他们的共同点。这种行为有着摧毁现有权威的破坏力。佐胁挑战了日本军队,而萨莱则满不在乎地嘲笑贵族和学者们。

捣蛋鬼的自由,离不开他们不受一般常识的束缚、可以看到真相的能力。但这也是非常危险的。佐胁先生因为比别人稍早知道了真相而丧命,约翰内斯因为说出了真相而化为石头。萨莱有时也会因为说真话而几乎陷入危险,幸好在达·芬奇的帮助下化险为夷。

• 灵魂与女性 •

人的灵魂,本来就不是容易把握的,因而,灵魂的引导者势必带上捣蛋鬼的性质。这种角色不能由总是朝着一个方向前进的领袖或总是传授正确东西的教师来担任。耐人寻味的是,这三个故事存在一个共同点,即主人公想要与女性结成某种形式的关系,而捣蛋鬼们则为此提供了帮助。《公子哥儿》中的洋,要与同班的女孩约会,需要佐胁先生的帮助。王子因为约翰内斯巧妙的计策,成功地与金屋公主结婚了。而在达·芬奇身上,正如我们前面所探讨的那样,应该说,所谓女性其实是存在于他内心的女性,这种女性形象被表现为蒙娜丽莎的肖像,而在这个过程中,萨莱的帮助不可或缺。对于男性来说,灵魂往往用女性形象来表现,这一点分析心理学家荣格(Carl Gustav Jung)早已指出。作为灵魂的引导者,捣蛋鬼以各种各样的方法,提供适合其主人年龄和状况的帮助。

· 破坏与建设 ·

孩子扮演的捣蛋鬼角色,在日常生活中如果注意去观察的话,其实也是非常多的。例如,当亲朋好友欢聚一堂时,有人自以为是,滥发权威,却被孩子的一句话说得哑口无言。当教师打算披着强权的外衣行动时,捣蛋的孩子会轻易打破这种权威。这时,大人不应该对孩子发脾气或将其赶走,而是要仔细思考捣蛋鬼的破坏究竟在准备着怎样的重建。根据大人态度的不同,其结果两极分化为破坏与建设。

· 温暖的接触 ·

刚才介绍了老人对孩子,以及孩子对老人成为捣蛋鬼的例子,接下来我们来看这样一个例子。在这个例子中,老人与孩子互相严肃地面对,但自然而然地产生了恶作剧(trick),由此两人的心灵有了温暖的接触。阪田宽夫的短篇小说《原野之声》①(野原の声)就介绍了这样一次有趣的经历。

“姐姐不久就要结婚了,她带我到她未来的婆家去玩。我在那里遇到了一个八十八岁的老爷爷。”当姐姐和那家人谈事情的时候,“我就待在老爷爷的房间里,两个人面面相觑”。

---

① 《原野之声》,阪田宽夫著,收录于《飞翔教室》(No. 8),日本光村图书,1983 年。

这种体验每个人都有过那么一两次吧。老人和孩子想要显得融洽，却只顾紧张了。老爷爷不时清清嗓子，什么也没说。"我"也情不自禁地清了清嗓子，老爷爷微微一笑，"我"也一起笑了，紧张的气氛稍微缓解了一些。

·比朋友·

老爷爷说："吃点儿点心吧。""我"应了一声，就像是在主人面前毕恭毕敬的家臣一样。当"我"怯生生地吃着豆包的时候，老爷爷提了个奇怪的要求："请告诉我你的朋友的名字。"于是"我"依次说了下去，结果老爷爷又古怪万分地说，等等，不要这么说，请一个一个地说。

老爷爷把右手朝我伸过来，扬了几次下巴，大概是在发出开始的信号。没有办法，我就从佐藤清君开始从头说起，老爷爷马上接过话头，像唱歌一样说道："土佐、洋一君。"听上去像是小孩的名字，但似乎是老爷爷的朋友。我忍住好笑，也用同样的腔调，缓缓说道："中村、武君。"老爷爷说："花田、清也君。"我说："三浦、茂君。"渐渐地，我们越来越来劲了。

就这样继续下去，当我说到"野岛、启四郎君"的时候，老爷爷问野岛君身体棒不棒。我说他身体很棒，跑完五十米只用八秒钟。老爷爷说他的朋友中也有一位野岛君,跑一百米要十二秒八。我正在钦佩竟有跑得这么快的老人,老爷爷遗憾地继续说道,这位野岛老爷爷还会扔链球,"在比赛中得了亚军。真可惜。"

我赶紧说了一句恭维话:"明年一定会赢的。"却觉得气氛有些不对了。

"明年?"老爷爷突然不动了。他微微张开嘴,藏在眼镜后面的眼睛一直睁着。过了一会儿,他清了清嗓子,用温和的声音说:"吃点儿点心吧。"

•原野之声•

"我"吃着豆包,发觉老爷爷是在谈论过去的朋友。于是问老爷爷自己是否也是田径选手。结果老爷爷非常新潮地回答道:"不是,不过我有时也打打棒球,只是玩玩。"这时,老爷爷的脸上露出了青春的容颜,"双颊闪闪发光,就像是在某个广阔的原野上,在阳光的照射下熠熠生辉一般。我甚至听到了鼓励大家的高亢而充满生机的口号声"。"我"在和老爷爷交谈的过程中,觉得似乎听到了老爷爷年轻时在原野上打棒球时发出的呼喊声。这种"原野之声",应该也同样出现在老爷爷的耳中吧。

在这篇温暖人心的幽默故事中,老人和孩子不仅没有搞恶作剧,反而非常严肃地面面相对。即将通过姐姐的亲事成为亲戚的我和老爷爷,以最朴实的殷勤互相传递着好意。但是，正是在这种极其严肃的相会时刻，捣蛋鬼更会自然而然地在无意识之中活跃起来。

在谈到"野岛君扔链球"的时候，老爷爷想起了野岛君年轻时的样子，而我却在想象精力充沛的老人的样子。这种差异因为我的一句"明年一定会赢的"而突然明朗化了，面对这种情形，老爷爷只能通过劝我吃点心来岔开话题。但由于我重新思考之后提出的一个问题，我们俩共享了同样的印象，甚至从那里听到了"原野之声"。

在这里，起到捣蛋鬼作用，并让两人体验到了不可思议的心动和共鸣的，也许正是"原野之声"。这样来考虑，也是非常有意思的。原野当然是 wild 式的。在拘谨的老人和孩子之间，wild 式的东西渗透进来，并导演了两人之间幽默的关系。

无论人类世界如何城市化，但只要拥有倾听的耳朵，应该随时都能听到"原野之声"。老人和孩子在倾听原野之声这一点上非常优秀，对此我们必须有清楚的认识。

Ⅵ　孩子与死亡

• 死亡的问题与孩子 •

有人认为孩子与死亡无缘。的确,孩子来到这个世界上还不久,与死亡相隔遥远。这种想法认为,只有老人才是与死亡接近的。或者,还有人认为应该尽可能让孩子避开死亡。他们觉得,死亡的问题太过重大,考虑起来太过困难,所以应该让孩子远离它。此外,也有人认为孩子根本就不会考虑死亡的事情。他们认为,孩子忙着每天精力充沛地生活,没空考虑死亡。这些想法也许都说中了一部分,但不能说是正确的。其实孩子们出乎意料地生活在死亡的近旁,也会对死亡进行一些思考。而且,死亡是非同小可的事物,不是通过大人们的安排就可以让孩子避开的。

在第二章第四节所举出的游戏疗法的案例中,有一处 P 子突然问治疗师"您会死吗"的地方。也许她是觉得自己正在发生着不同于从前的变化,预感到治疗将要结束,从而去思考关于死亡的问题。她和治疗师进行着关于死亡的问答,并不断成长下去。

孩子会令人意想不到地对死亡进行思考。但是,孩子很少对大人说起这件事。也许是因为他们很清楚地知道,就算说给大人听,大人也只会露出不愉快的表情,不会对他们说什么有意义的话。只有当大人拥有倾听的耳朵时,孩子们才会说出他们对于死亡的思考。有时,其中甚至隐藏着让大人都目瞪口呆的深刻智慧。

1. 孩子会思考死亡

• 认真的提问 •

森崎和江提到过，三四岁的孩子就在思考死亡的问题了①。这一事实令人感动，所以我在其他地方也曾经引用过，在这里我想再探讨一下。森崎说，她的两个孩子在三四岁的时候分别问过她"为什么会死"、"死了之后会怎样"、"妈妈你怕死吗"等问题。

而且，孩子并不是在不经意的游戏中随口提出这个问题的。而是夜里一个人睡觉醒过来时，在这心情宁静的时刻，独自思考着这个问题。因为想不出，就开始抽泣。我听到哭声走过去，孩子就向我提出了这个问题。

当孩子这么认真地提出问题时，大人也就不能随口

① 《生活童话》，森崎和江著，收录于《飞翔教室》(No. 6)，日本光村图书，1983 年。

敷衍了。

　　"嗯,大家都怕的。不过,还是要好好活着。妈妈也会和你一起好好活着的。所以,你一定要振作起来快快长大……"

• 灵魂的深层交流 •

　　森崎一边诚实地说出自己的想法,一边"感受到了超出语言之上的赤裸的灵魂,不由得为怀里的孩子竟如此之大、如此之重而浑身颤抖"。的确,在这种时候,我们会真正感受到孩子这一存在"如此之大、如此之重"。孩子并不总是渺小的。森崎为自己不能回答好这个问题而自责,她心中想道:"请原谅妈妈,我会一直陪你活下去的。"

　　　　这时,孩子向着我的后背伸出小手,轻抚着我说:"妈妈,别哭了,我不说这些可怕的事了。"

　　看到妈妈的泪水,孩子竟会这么坚强地抚慰母亲。有时,当大人真正敞开心扉面对孩子时,大人和孩子的地位会发生颠倒。三岁的孩子从母亲的泪水中得到安慰,并试图安慰流泪的母亲。母子之间如此深沉的心灵交流,是以"死亡"为契机而出现的,这一点也值得注意。那些对死亡敬而远之的人,想来就很难体会到真正的心灵交流。只有认真地对待死,才能赋予生以深度。

• 死了就玩完了 •

有一次我坐电车,身边坐着一位神情坚毅的女性,带着一个四岁左右的女孩,怀里还抱着一个婴儿。孩子在一旁调皮捣蛋、吵吵嚷嚷,妈妈却丝毫不为所动。这充满生命力的一幕令我产生了好感。快要到终点站、即将下车的时候,孩子突然问母亲:"妈妈,人死了之后还会转世投胎吗?"母亲头也不回过来看看身后的孩子,满不在乎地说:"说什么呀,死了就玩完了。"孩子似乎还不满意,下车之后边走边对着母亲的背影又问了一遍:"人死了之后还会再次转世投胎吗?"母亲快步走着,口中连连说道:"死了就玩完了,玩完了!"孩子跟在后面跑着,生怕被落在后面。

这个场景留在我的心中,一直无法忘怀。它与森崎和江的母子之间的对话截然不同,但我觉得也可以将它看成关于"生死"的深刻对话。面对幼小孩子的提问,满不在乎的母亲连声说着"死了就玩完了",这种情景叫基督教国家的人看到了,不知道会怎么想。能够对"死了就玩完了"满不在乎,或许并不是缺乏宗教情结的体现,而是宗教情结之深的体现。

• 应该如何生活 •

正玩得起劲,突然到了终点站,大家都必须下车了。也许是这种状况刺激了孩子的联想,这个四岁的孩子提出了关于"死"的问题,令我感到吃惊,而母亲的态度即使表明了"应该如何生活"的答案,却并没有直接回答孩子的问题。孩子以自己的方式创造出"转世投胎"这一关于重生的设想,以此回答死亡的问题,却被母亲否定了。这不由让人思考,关于死和生,今后这孩子会如何思考下去呢?无论如何,这件事让我们感到,孩子在令人意想不到地对死亡进行着思考。

• 孩子的自杀 •

在思考孩子与死亡的时候,经常浮现在我心头的,是镰仓时代的名僧明惠上人,他在十三岁时打算自杀,并留下了"匆匆十三年,但觉身已老"[①]的词句。他到了十三岁就已经老去,觉得死越来越近了,既然总是难逃一死,他决心舍身饲饿狼,以求冥福。当时虽有墓地,但只是把尸体放在那里,任凭野狗和狼撕咬。明惠在夜里跑到墓地去躺着,却什么事也没有发生。他遗憾地回来了,总算打消了舍身的念头。

这个故事非常惊人,其中尤其值得注意的是十三岁就觉得年老这一点。前面说过,青春期是"蛹"的时期,在青春期即将到来的时候,作为毛虫,可以说已经迎来了晚年。所以,

---

① 《明惠上人传记》,平泉洸译著,日本讲谈社,1980 年。此外,关于明惠上人,请参照《明惠活在梦想中》,河合隼雄著,日本京都松柏社,1987 年。

感到"身已老"也并没有什么可奇怪的。实际上,只要仔细观察一下孩子,我们有时就会觉得,在"性"的冲动开始萌发,并在与之交战的过程中发生重大的变化之前,孩子已经达到了作为孩子的"完善"。我觉得,作为孩子,体验到这种高度的完善,并预感到这种完善早晚会被打破会玷污,因而为了保护这种完善而自杀,这样的情况也是存在的。

这时,孩子的存在就会无限增加透明度,对于他来说,大人的所作所为是肮脏的、令人厌恶的。我猜测,即使在现在,很多被报告为原因不明的十二三岁孩子的自杀事件中,应该也混有这样的类型。自杀往往是在多种因素的共同作用下发生,也不是可以简单地用原因和结果的关系来概括的。这里举出的例子,也并不是想要指出原因的所在,相反,我想要说明的是,孩子的自杀往往包括很多从常识上无法理解的因素。当然,作为一个天才,明惠能够把这些表现为语言,而其他的孩子们没能用语言表达出来,就这样自杀了。

• 母亲与女儿的对话 •

如前所述,孩子会令人意想不到地思考死亡,在死亡的近旁生活。当然,孩子们并不是一味思考死亡的问题,有一个故事非常戏剧性地表明了这一点。这就是作为死亡临床专家在日本知名度很高的库伯勒-罗斯(Elisabeth Kubler-

Ross)与她的女儿之间的故事①。

库伯勒-罗斯召开护理末期患者的研讨会时，把自己八岁的女儿芭芭拉（Barbara）也带去了。并不是强制性的，而是女儿要求一起参加，她就把女儿带去了。研讨会大获成功，当然，大家也耗费了不少精力。到了最后一天，大家纷纷告别时，芭芭拉来到罗斯面前，态度坚决地说："妈妈，我想和你单独待十五分钟。"虽然罗斯很累了，还得考虑与其他人之间的关系，但她还是同意了女儿的要求。这是非常了不起的。为他人倾尽全力的人，往往会忽视自己的家人，但罗斯却能够按照女儿的希望去做，真是值得钦佩。

• 在哪里停止 •

芭芭拉把罗斯带到了附近的墓地，指给她一块墓碑，问她："妈妈对这个怎么看？"只见墓碑上写着一家四口的名字，其中两个人已经死了，写着死亡日期，另两个人还活着，只写着出生日期，没有写死亡日期。也就是说，人还活着，就早早准备好了墓碑。对此，罗斯说："这似乎有点儿太过头了。等死后再把名字放上去也不迟嘛。"听到这话，芭芭拉放心地吐了一口气，紧紧抱住妈妈，露出非常满意的神情说："谢谢，我

---

① 《克服死亡》，库伯勒-罗斯著，霜山德尔、沼野元义译，日本产业图书，1984 年。

想知道的就是这个。"

罗斯对于这件事非常感动。芭芭拉想要对母亲说的话，究竟是什么呢？她想说的是，从事有关死亡的工作也未尝不可，但她担心妈妈会过于投入而不知道停下。她不希望妈妈把死人和活人同等对待，即使研讨会结束也无法回到正常的生活中去。这一点通过询问墓碑上的名字，得到了完美的确认，她发现妈妈懂得适可而止，从而放下心来。

读到这里，我也非常感佩。我觉得库伯勒-罗斯和她的女儿，都是非常了不起的人。死是非常重大的。我们躲不开，也逃避不了。但如果过于投入其中，当然也是不行的。我们不能忘记自己还活着，这同样非常重要。这虽说是理所当然的认识，但在关于死的研讨会结束后，在母亲和女儿之间——而且女儿是主导者——发生了这样的确认，的确是值得感叹的。

2. 追悼死者

· 服丧的形式化 ·

追悼死者和服丧虽说是非常重要的,但在现代社会中却变得越来越难。由于现代社会太过繁忙,那些可以唤起现代人灵魂的仪式都在不断消失,追悼和服丧也被忽视或形式化了。实际上,听着佛教的经文,现代日本人中有多少人会把它当成真正的追悼死者的言辞? 于是,人们会去朗读所谓的悼词。遗憾的是连这都已经形式化了,还有什么可说的呢? 而且即使悼词能够打动人心,但要说出直达灵魂深处的言语却是极其困难的。

也许也有这样的原因,有时我们只能认为,在家庭内被忽视的追悼和服丧,就全部由家庭中的孩子来承担了。有一个孩子因为拒绝上学和原因不明的身体症状来我们这里咨询,进行游戏疗法时,他就进行了追悼或服丧的仪式。一问孩子,原来他的家人不久前死了,而他觉得,对此家里并没有进行足够的真正意义上的追悼。在孩子的仪式进行到一定程度之后,他的问题也就解决了。这里对于这个案例还是从略,我们来探讨一下能让我们对追悼死者进行一些思考的文学和电影作品。

• 小多与妈妈之死 •

灰谷健次郎的《孩子的邻居》①的主人公小多,是个四岁左右的男孩,感受性非常敏锐。他年幼丧母,和父亲相依为命,这也许对他感受性的敏锐也有一定影响。小多总是有一种倾向,容易被与死有关的话题所吸引。聚在车站长椅上的老人们都非常喜欢小多,有时在他们的谈话中会半开玩笑地提到死亡。小多忍不住要问一声"大家都会死吗?"他得到的回答是"大家不久都要死的"。

小多跟着父亲进了餐馆,听到了女店员们的闲谈。"据说老板快要不行了。"她们若无其事地谈着别人的生死,把死亡当成"家常话"随口闲聊。听着听着,小多停下了正在吃饭的手。小多提出,他下个星期天不想去看望住院的叔叔了。

• 掩饰语 •

过了一会儿,父亲终于忍不住打破了沉默,他说:"有人

---

① 《孩子的邻居》,灰谷健次郎著,收录于《灰谷健次郎全集》(第 8 卷),日本理论社,1987 年。

要死了，是件非常悲哀的事，所以大家都装作若无其事，使用掩饰语来说话。"小多若有所悟，突然问道："妈妈死的时候，你难过吗？"父亲一下子退缩了。小多还问当时自己是否难过，父亲说："也许难过吧……当时，你还那么小……"并反问他为什么问这个问题。小多回答道："因为，如果我不难过的话，岂不是太对不住妈妈了？"

这位父亲恐怕是在妻子去世时，不得不使用了太多的"掩饰语"或"形式语"，而当时没能充分进行的悼念和服丧，则通过回答现在四岁的孩子提出的尖锐问题的形式，终于得以完成了。

• 真正的经文 •

在托儿所里，有一只小兔子刚出生不久就死了，孩子们把它埋在桦树旁。小多一直在后面观察着这一幕，在大家都离开后还站在那里。一位保育员走近小多，听到他在喃喃自语着什么。

"死了，死了，死了，死了也没关系。不是还在这里吗。死了，死了，死了，死了也没关系。还会再次出生的。"

保育员非常感动，像唱歌一样重复着小多的话。

这是真正的"经文"，是直达灵魂的词句。正因为此，保育员听到之后才会情不自禁地重复。听到这种"经文"，我甚至觉得在一般的葬礼上念诵的"经文"，反而成了阻碍与灵魂接触的"掩饰语"。

• 禁忌的游戏 •

关于孩子所进行的真正的悼念,我想提一下电影《禁忌的游戏》(*Jeux interdits*)。这部电影广为人知,可能有很多人知道故事梗概。一群逃离战火的逃亡者遭到了敌机的轰炸,一瞬间,小女孩葆莱特(Paulette)眼睁睁地看着自己的家人被炸死。可怜的小女孩即将住到一家农户家里,但并没有受到欢迎。这时,这个女孩与一个名叫米歇尔(Michel)的男孩成了好朋友。

也许是由于从内心涌出的莫名的冲动,葆莱特热衷于在地上竖起大大小小的十字架玩建造坟墓的游戏,米歇尔也加入了这个游戏。为了让葆莱特高兴,米歇尔偷了哥哥的葬礼马车上的装饰用十字架,这引起了意想不到的麻烦。米歇尔家和邻居一直关系紧张,灵车上的十字架不见了,被误认为是邻居在捣乱,差点引起了两家之间的大斗殴。

米歇尔不知如何是好,于是去忏悔了。他在神父面前说出了建造坟墓的游戏以及为此而偷灵车上十字架的事。神父去找了差点打起来的两家,说出了真相,避免了一场无用的斗殴。但是,建造坟墓的游戏所引起的骚乱,最终使得葆莱特不得不寂寞地离开米歇尔家,电影到此结束。

这部电影一个重大的主题,就是悼念。为了悼念死去的父母，以及千千万万死于无益的战争的人，葆莱特不得不建造坟墓。这种行为被当成了"游戏"。但在很多宗教仪式都已经形式化的现代，也许只有在孩子们的游戏当中，才能找到本质性的宗教仪式。就像是前面提到的小多的喃喃自语比任何经文都更好一样。

• 少女灵魂的抹杀 •

这部电影的第二个要点，则在于不加反省地泄露忏悔秘密的神父的行为。关于秘密的意义，我们已经在第二章探讨过。神父作为神职人员，必须绝对保守秘密，但是为了避免两个家族的斗殴，他泄露了秘密，抹杀了一个少女的灵魂。为了拯救大人身体受到的伤害，他牺牲了少女的灵魂。这是"神职人员"的职责吗？本来，神圣的东西，应该与现实世界中的算计没有关系。也许他是觉得，被卷入斗殴的大人，比起一个少女来数量要多得多。

我这么说，并不是在攻击基督教。众所周知，在圣经中有这样的话："你们中间，谁有一百只羊失去一只，不把这九十九只撇在旷野，去找那失去的羊，直到找着呢？"（路加福音第十五章第四节）神父如果能想起这句话，深入地思考保守忏悔秘密的意义，也许就不会采取这种轻率的行为了。我并不是在主张神父只要忠实完成保守秘密的"职责"，无论斗殴是否发生都应该置之不理。在这种情况下，正是因为在苦恼痛苦之中奉献出自身一切,才能被称为神职人员。这里并不存在什么标准答案。

　　无论什么宗教,与人类的世俗社会共存并被组织化,都是非常可怕的。当组织扩大,一心想要维持下去的时候,就会在不知不觉中孕育着忘记悼念、忘记服丧、甚至发展到抹杀灵魂的危险。

3. 死的意义

·年幼者之死·

　　人类的平均寿命延长了很多。但是另一方面，也有很多人年纪尚幼，或者年纪轻轻就离开了人世，这也是事实。有些人活得很长，经历了很多事情才死去，但对于那些不得不以短暂的人生告别的人来说，死究竟意味着什么呢？还留在这个世界上的家人，又是怎样理解这一点的呢？死亡给人们提出了很多问题，不停地要求着人们深化生的意义。

　　山中康裕的《少年期的心灵》[①]（*少年期の心*）生动地描述了通过心理疗法的视角所看到的孩子们的样子，是关于"孩子的宇宙"的精彩记述。下面介绍一下其中一个关于死亡的例子。一位十四岁的少女，被小儿科医生介绍到山中这里。她患上了一种名为"多发性硬化症（Multiple Sclerosis）"的重

---

① 《少年期的心灵》，山中康裕著，日本中央公论社，1978年。

病。她四肢肌肉的痉挛性麻痹与萎缩不断发展，视力不断下降，最后会卧床不起，现在还没有办法治疗。在接下来的七年中，她的母亲竭尽全力地照料她，山中也尽力提供帮助。最后，她的眼睛看不见了，只有耳朵能听见，山中还为她录下了她喜欢的音乐和诗歌送给她。

• 家人的梦 •

当她停止呼吸的时候，她那已出嫁的姐姐打来电话，报告了这样的一个梦："我突然发现穿着白上衣红裙裤的舞美子（山中为这位少女取的名字）坐了起来，三根手指撑在枕头上。她说：'长久以来得到了姐姐的关照。请好好对待妈妈和爸爸。再见……'她忽然飘了起来，身体变得越来越小，打开神龛的门钻了进去。"

令人吃惊的是，后来才知道少女的伯母也做了一个同样的梦。山中写道："她的父母听到这件事，觉得这一定就是舞美子的遗言，所以在为舞美子入殓时，让她穿上了梦中所穿的服装（就是侍奉神的少女的样子）。"从她所睡的被子中，发现了一个金色的佛像，也令人吃了一惊，其实这是她从山中的游戏疗法诊室中带回来的阿弥陀如来（大约是用于沙盘游戏的吧）。也许她痛苦的每一天，就在这尊体现了与治疗者之间关联的佛像的守护下度过。

从事心理疗法的工作，尤其是在关系到死亡时，我们经常会遇到这种不可思议的现象。比起怎么说明这种现象，我们更应该如实接受事实，思考其中所包含的意义。我觉得，少女的姐姐和伯母所做的梦，似乎在表明她短暂而充满痛苦的人生绝不是没有意义的，比起普通的漫长人生，这人生在高得多的层次上得到了完善。我甚至觉得，她很想把自己带着满意离开这个世界的心情最后告诉自己的家人，才出现在这个梦里。

• 滚金环的少年 •

在谈论孩子的死的儿童文学中，小川未明的《金环》①（金の輪）给人的印象非常深刻。这是一篇字字珠玑的短篇小说。太郎因为生病而一直躺在床上，这天，他稍微好一些了，在三月末终于起床了。太郎走到马路上，又没有朋友，只好独自一人站在家门前。

这时，传来了一阵好听的金环相触的声音，就像是摇晃着铃铛一样。

朝远处一看，只见一个少年滚着环子从马路上跑了过来。那环子金光闪闪，放射出灿烂的光辉。太郎不由得看呆了，他从来没有见过散发出如此美丽光芒的环子。

---

① 《金环》，小川未明著，收录于佐藤悟编的《幻想童话杰作选》，日本讲谈社，1979 年。

这是个完全陌生的少年,太郎心里还在疑惑这究竟是谁,这少年"快跑到马路尽头的时候,朝太郎这边微微笑了一笑,就像对老朋友那样,看上去令人感到十分亲切。"

第二天,少年又来了,"朝着这边,比昨天更亲切地微笑了。他似乎想要说些什么,稍微歪了歪脖子,最后还是什么也没说就走了"。

太郎对少年感到非常亲近,想要和他交朋友。他对母亲讲起了少年和金环的事,但母亲不相信。接下来,故事的结尾到来了。

太郎做了一个梦,梦见自己和少年成了朋友,少年分给自己一个金环,两人一起在马路上不停地向前滚着。在梦中,他们一起跑进了晚霞绚烂的红色天空中。

第二天,太郎又开始发烧了。过了两三天,七岁的太郎死了。

• 死亡的亲近性 •

这个故事明确地告诉我们,死亡远远超出了常识的层次。死亡会让人觉得可怕,而年仅七岁就死,谁都会觉得不幸。这些常识也很重要,但另一方面,我们也应该知道,对于太郎来说,死亡是一种精彩的体验。这种体验充满了名副其实的不是这个世界的回响和亲近。也许可以说,太郎年仅七岁时迎来的死亡,有着能与其他人七十岁的人生相匹敌的厚重。

　　小川未明也许有过这样的体验。作为富有才能的人,他幸运地没有跟着金环少年去那边,而是回到了这边,把这个故事讲给我们听。通过这样的记述,我们能够减轻对于死亡的没有用处的恐怖与不安。

• 那时候的弗雷德里希 •

　　我丝毫也没有通过这样的故事来美化死亡的念头。死是可怕的,这是一个事实。也有不幸的死亡,这也是事实。儿童文学中描写了很多孩子的死。其中有一位少年的死,我希望尽量多的人能铭记。很少有这样一部让人读完需要承受这么多痛苦的儿童文学作品。但是,我们必须去读它,同时不能忘记读过它。这就是里希特(Hans Peter Richter)的《那时候的弗雷德里希》[①](*Damals war es Friedrich*)。这不是一本可以加上精彩、杰出等形容词的书,但却是一本我希望更多人能够阅读的书。

　　这部作品中的"我",出生于 1925 年的德国。当时的德国非常困难,通货膨胀,失业人员众多,"我"的父亲也失业了,日子非常艰难。在"我"家所借住的公寓楼上,施耐德

---

　　① 《那时候的弗雷德里希》,里希特著,上田真而子译,日本岩波书店,1977 年。

(Schneider)一家在"我"出生的一个星期之后也生了一个男孩,取名为弗雷德里希。由于"我"和弗雷德里希年纪相同,两家开始亲近起来。两家人贫穷却充满温情的交流,让"我们"产生了好感。

• 对犹太人的迫害 •

但是,糟糕的事情发生了。希特勒(Hitler)上台,开始了对犹太人的迫害,而施耐德是犹太人。"我"的父亲并不完全赞成希特勒,但还是加入了希特勒的纳粹党,以获得职位和更多的收入。他把这件事告诉了施耐德,劝施耐德尽快逃离德国。施耐德感谢父亲的好意,但作为德国人,他没有办法逃到其他国家去。他对犹太教坚定的信仰支撑着他。

对犹太人的迫害不断加重,发展到了脱离常轨的状态。不久,人们冲进了施耐德家,捣毁了家中的一切。"我们"一家非常同情他们,却又无计可施。弗雷德里希的母亲由于受到了惊吓,在一片狼藉的房间中断了气。她很可怜,但是也许死在这个时候还算是幸福的。房东莱施(Resch)处处为难施耐德一家,要求他们尽快搬走。

• 空袭之夜 •

施耐德藏匿了一个有名的犹太教拉比,也许是因为莱施告的密，他们两人都被警察抓走了。当时弗雷德里希正好不在，后来他躲在其他地方生活。1942 年的一天，他因为想要父母的照片来到了"我"家。一看弗雷德里希的样子，就知道他过着衣不蔽体、食不果腹的生活。"我们"给他吃面包，请他洗澡，这时发生空袭了。于是"我们"打算进防空洞，但是防空委员由莱施担任，他坚持不让弗雷德里希进去。没有办法，"我们"一家躲进了防空洞，弗雷德里希被独自留在上面。

空袭越来越激烈，弗雷德里希又来请求让他进防空洞，但莱施冷酷地拒绝了。其他人也看不过去，提出放他进去，但莱施仗着自己是委员，厉声叫道，谁敢不听就要控告他。"我"的母亲拼命想要帮他，但父亲叫母亲平静下来。因为，如果要救弗雷德里希，"我们一家就会变得不幸"，连自己的性命也保不住。

空袭结束后，我们发现弗雷德里希死了。莱施用脚踢着他的尸身说："能够这样死去，倒是他的福气了。"

• 少年之死的沉重 •

故事到此结束。对此不需要进行任何的解说。知道了这位少年从 1925 年出生，到 1942 年死去的生活轨迹，我们会从心底里感到一种沉重，却找不出合适的语言来表达。《那时候的弗雷德里希》的原题是 *Damals war es Friedrich*，我觉得，这个标题是有意识地针对在德语中用在故事开头的 Es war einmal 来说的。作者想要强调的是,这个故事并不是发生在遥远的从前(einmal),而是实际发生在一个特定的明确的时候(damals)。这本书的目录,从开头的"出生之时(1925年)"到最后的"结局(1942年)",除了有一章是讲犹太传说中的所罗门(Solomon)以外,每一章都在括号内注明了年代。它就像是恶魔的爪印一样,随着时间的流逝,无情地向着弗雷德里希的殒命推进下去。

作者里希特正视这样的现实,带着理性和节制记录了这段现实。他在我们的眼前明确地指出了弗雷德里希年少夭折的事实,结束了整个故事。这个少年之死,其意义也许可以在知道这一点的每个读者今后的生活中找到。

VII 孩子与异性

• 异次元的存在 •

哪怕对于孩子来说，异性也是非常重要的对象。在大部分人的记忆中，应该还留存着自己小时候关心或喜欢过的异性吧。早的人在小学一年级时就已经有了这样的意识，也有人是在三四年级的时候。只是自己有这样的感觉，并没有跟别人说过，这样的人也不在少数。

光是想一想对方，就觉得心中一阵慌乱，在孩子的心中，也知道这件事非同小可。与普通的世界完全不同的异次元的世界，似乎会从这里打开。对方的存在改变了整个世界。这种想法似乎很不好意思公开，内心的声音要求保守这个秘密。说起来，异性站在通往超越的道路上。

• 性的问题 •

此外，性的问题在这个年龄也开始出现。在小学时还不会那么露骨，到了高中，从身体上来说已经完全是大人了。一方面是几乎可以称为神圣的对异次元空间的向往，另一方面身体的欲望又会纠缠不休，很多人面对这样的情况，不知如何判断、如何处理才好，在从孩子向大人转变的界线上停滞不前。

说起异性，很多大人会非常直接地联想到"性"。这样就会弄错孩子与异性关系的本质。这是因为，过多地把自己的性欲问题投射在这里，判断就会发生混乱。"性"对于大人来说，也是很难把握住的怪物，所以大人总想摆出曾经沧海难为水的面孔，但实际上心里也没谱，为了掩饰这种不安，往往对孩子极端严厉或者完全放任不管。不如说，通过了解孩子的异性关系，大人对于自己的性，也能进行更为丰富的思考。

孩子与"性"的问题也是一个重要问题，但因为我已在其他地方论述过①，这里我们就按照年龄从低到高的次序，举例探讨一下孩子们是如何逐渐接近作为异次元存在的异性的。

---

① 《性的理解与教育》，河合隼雄著，收录于《岩波讲座 教育的方法 8 身体与教育》，日本岩波书店，1987 年。

1. 异性兄弟姐妹

·对异性兄弟姐妹的爱·

关于成为将来配偶的异性的形象，人是以自己的父母为原型而形成的。对于男孩来说是母亲，对于女孩来说则是父亲，有意识或无意识地起到了决定未来配偶的形象提供者的作用。当然，有时也会成为强大的反面教材。人是在逐渐离开对父母的眷恋的过程中逐渐自立的，作为离开父母的第一个阶段，首先会产生的，就是对异性兄弟姐妹的依恋。

当然，这种依恋并不是突然从父母身上转移到兄弟姐妹身上的，而是在两种感情共存的过程中，对于女性来说的哥哥和对于男性来说的姐姐这一存在开始拥有了不同于父母的魅力，甚至暗示出一种不同于"血缘关系"的关系的存在。佐野洋子的《当我做妹妹时》[①]（わたしが妹だったとき）就是

---

① 《当我做妹妹时》，佐野洋子著，日本偕成社，1982年。

一部描写这种兄妹关系的作品，但在这里我们还是割爱不谈，我们要探讨的是年龄稍微大一点儿、把没有血缘关系的人当成"哥哥"来尊敬的情形。虽然说是"哥哥"，但在其底层还是流动着男女关系的爱。

• 英格的哥哥 •

福格尔（Ilse Margret Vogel）的《再见我的哥哥》①（*My Summer Brother*）描写了九岁的女孩对自己的恋人也就是哥哥的心情，而且准确记述了妈妈也搅进了这种关系中去的非常复杂的情况。主人公是九岁的小女孩英格（Inge），她生活在父母、祖母和女佣们的簇拥下。她的孪生姐姐埃里卡（Erika）死了六星期。妈妈紧紧抱住英格说："妈妈只剩下你了。"但是，英格被抱得太紧时，"有时也会觉得很烦"。有时，她也会将身子一扭，从母亲的手臂中逃掉。当孩子心中开始出现自立的动向时，无论妈妈多么好，孩子都会产生疏远的感情。

这时，一户人家搬到他们的隔壁居住，这家的儿子迪特尔（Dieter）出现在英格面前。他是一个二十岁的大好青年。从隔着篱笆相遇的时候开始，迪特尔就成了英格的"哥哥"。

次日，迪特尔参加了英格一家的散步活动。英格心里非

---

① 《再见我的哥哥》，福格尔著，挂川恭子译，日本茜书房，1982 年。

常高兴,"她觉得今天映入眼帘的一切,看上去都比平时更美丽了"。由于一个异性的存在,世界看起来不一样了,真是不可思议。

•对母亲的恨意•

迪特尔很擅长画画,对英格说他要画一幅彩粉画,希望英格做模特,英格非常高兴地答应了。迪特尔来了,英格跑过去一看,妈妈正在对他朗诵诗歌。英格在阳台边上指定的椅子上等着,但是迪特尔和妈妈越谈越投机,一直都没有过来。他们的交谈中不断穿插着"哲学"、"理想化"等难懂的词汇。在英格的心中,"愤怒逐渐抬起头来。这是对于妈妈的愤怒,是她让我的迪特尔把这些听不懂的词挂在嘴上"。

情况越来越复杂了。英格得到了"我的哥哥",非常开心,而英格的妈妈因为繁忙的丈夫没有时间陪她而感到寂寞,对这位年轻的男性也产生了好感。对于迪特尔来说,当然是和成年女性谈话比和英格交谈要有趣得多。就这样,英格好不容易有了机会去爱家人以外的人,却不料体会到的是这种非常痛苦的感情。

•悬钩子的礼品•

爸爸妈妈不在家的时候,迪特尔来给英格画像,给她和妈妈分别带来了一篮悬钩子作为礼品。给英格的这一篮，装饰着漂亮的雏菊，英格想留给妈妈看看，于是吃了他送给妈妈的那一篮。吃完之后，她在妈妈那篮中发现了一张纸片，上面写着外语，似乎是一首诗，其中有好几处可以看到妈妈的名字玛加蕾特（Margarete）。

英格把自己的一篮悬钩子放在这张纸上，还装饰上了雏菊。但一个小时之后，她改变了主意，不想让妈妈看到这首诗，就把那张纸揉成一团，埋在树根下，并吃光了悬钩子，决定什么都不跟妈妈说。一旦爱上什么人，人就会作出意想不到的事情，或者体验到意想不到的感情。英格自己就从来没有想过，她竟会这样对妈妈使坏。为了不断成长，人必须体验爱憎两种感情。

· 作为女性的妈妈 ·

一次，英格去了妈妈的卧室，看见妈妈正坐在梳妆台前专心梳妆，还在对着镜子微笑。这是英格从来没有见过的"谜一样的微笑"。这明明不是妈妈的脸。发现英格来了，妈妈朝英格微笑了，而这次的微笑已经成了妈妈的微笑。英格"对于妈妈的两种微笑思考了片刻。一种是我熟悉的，而另一种对我来说是一个谜"。英格觉得自己不喜欢妈妈的后一种表情。对于孩子来说，希望妈妈永远是妈妈。但这是个做不到的要求。

　　假期里，一家人本打算去山里玩，但爸爸有急事，不能去了。于是爸爸就托迪特尔代他去。英格非常开心，她妈妈也同样高兴。在山里的小木屋中，妈妈和英格住一间，迪特尔住另一间。晚上，英格醒来的时候，发现妈妈不见了，慌忙去迪特尔的房间一看，迪特尔也不在。英格非常不安，这时她看到妈妈和迪特尔踏着明亮的月光散步回来了。妈妈走进房里时，英格赶紧装睡。只听"妈妈轻轻地叹了一口气，不久就睡着了——而我过了很久才入睡"。英格不得不意识到，她不是和"妈妈"睡在一个房间，而是和一个名叫玛加蕾特的女性睡在一起。

• 情敌 •

　　星期六有一场舞会，英格和妈妈都在用心化妆。看到妈妈"第一百次向着粉扑伸出手去"，英格忍不住高声叫道："你有完没完？"一瞬间，英格觉得房间里变得非常安静。她们俩已经成了毫不含糊的情敌角色。

　　在舞会上，英格首先得到了和迪特尔跳舞的许可，和他跳了三次舞。但是，到了孩子上床休息的时间，英格只好回到卧室去，却不会脱礼服。她想以请妈妈帮忙的借口再次回到舞会上去，从二楼看下去，只见妈妈和迪特尔已经大不一样了，他们紧紧贴在一起，几乎脸贴着脸，正在跳舞。一支曲子跳完之后，英格等在位子上，他们却去外面休息，一直没有回来。于是,英格喝了一点儿大人喝的、含有酒精的潘趣酒。另一支曲子响起的时候,妈妈和迪特尔继续贴着面跳舞。英格在一旁挥手,但是他们都没有发现。英格又喝了一些潘趣酒,迈着摇摇晃晃的步子回到了卧室。但是她睡不着觉,忍不住想要做点儿什么,就点燃了桌上的蜡烛并盯着火苗看。看着看着,眼前的蜡烛似乎变成了两支、三支。多么漂亮啊,英格一边感叹着,一边进入了梦乡。

• 与妈妈的和解 •

英格醒来时,发现自己躺在医院的病床上,祖母坐在一旁。原来蜡烛引起了失火,英格被救出来了,但手臂被烧伤了,所以被送到了医院。妈妈走进病房说:"英格——拜托,请你开口说点儿什么。我是你的妈妈!你能得救,我感到非常高兴。"但英格还是对迪特尔的事耿耿于怀。对此,妈妈非常坦诚地说出了自己的心情。"希望你能原谅我。你有了一个大哥哥,我也为你高兴,但是我自己也很寂寞,也会为迪特尔的柔情感到欣慰。"就这样,她们俩终于互相和解了。

迪特尔寄来了一封信,信中说,他要去柏林的工作室实习,事情很急,他已经出发了。有趣的是,正当我们担心故事接下来会怎么样发展的时候,以一瞬间烧起来的烛火为契机,出现了意料之外的结局。

也许可以说,当看到差点儿就会烧毁房子,甚至可能致人死命的"火"竟是如此可怕,在他们各自心中燃烧的热情之火,反而向着适度收敛的方向发展。很多偶然发生的事情,往往让我们觉得其中蕴含着超越偶然的意义。英格的家人之间原有的关系,以及迪特尔的人格,这些因素互相牵连,导致了一个恰当的结局。否则的话,小火也说不定会变成熊熊大火,或者即使不变成大火,却使当事者心中的火苗越烧越旺。

• 苦涩的经验 •

　　九岁的小女孩英格,有生以来第一次通过"哥哥"学习着爱情究竟是什么,同时还懂得了原来妈妈也是女性,也可能成为情敌。这些经验要在这么短的时间内学习,负担有点儿太重了。她甚至知道了自己也会对妈妈使坏,也会憎根妈妈。在她愉快而甜蜜的回忆中,加入了苦涩的滋味。但是,所有的这一切,在孩子的成长中都是必须学习的。

　　在学习这些经验期间,英格的心灵受到了伤害,同时妈妈的心也受到了伤害。这是悲伤而痛苦的。但是,像英格母女俩这样,各自按照自己心灵的指引行动,并且以不加掩饰的诚恳互相交谈的时候,这种伤害反而成了迈向成长的一步。当然,如果在这里存在蒙骗,或者没有足以超越这种伤害的爱,这些伤害就会变成难以轻易痊愈的伤痕,反而会阻碍成长。

　　这本书的原名是 *My Summer Brother*（夏天的哥哥）。读者朋友应该也会拥有局限于某个时期的、难忘的"哥哥"或"姐姐"的回忆。即使时期很短，但对于他们的人生来说，一定也是有着重大意义的事件。

2. 小王子

• A 子的小王子 •

看到这个标题，有人可能会以为我会讲到圣埃克絮佩里（Saint Exupéry）的作品《小王子》（*Le Petit Prince*）。其实我要介绍的是一位高中女生的"小王子"，依据的是高中的心理咨询师渡部修三的报告①。

班主任去找心理咨询师，说高中女生 A 子的行为有些古怪。A 子会来上学却不来上课。调查发现，她会出现在其他班的 Y 君所在的课堂上，在整个上课过程中一直凝视着 Y 君，视线片刻也不离开。据说在分班级远足的时候，她也会出现在 Y 的班级中，一直跟在 Y 的后面。老师提醒她，要她回到自己班上，却没有效果。A 子并没有跟 Y 搭话，只是想要待在 Y 身边，但不管怎样，她跑到其他班级去了，而且惹得

① 《为异性问题而苦恼》，渡部修三、河合隼雄著，收录于河合隼雄、木原孝博编的《教育学讲座 17 学校生活的指导》，日本学习研究社，1979 年。

其他同学议论纷纷,看来还是应该想想办法,所以就找心理咨询师商量。没过多久,班主任收到了一封来自 A 子的信,信上说:"我有了一位小王子。不在王子身边,我就坐立不安。我的小王子就是 Y 君……"

● 对异性的憧憬 ●

A 子听从了班主任的建议,去找心理咨询师。她说,她曾被 Y 君的侧面像所吸引,从那一刻起就喜欢上了 Y 君。没有理由,就像是一种突如其来的灵感一样。之后她就总是想看 Y 君,心想反正满脑子都是 Y 君,听课也听不进去,不如索性去 Y 君的班级里,于是就坐在那个班的空位子上看他。只要看到他,就感到满足了,并不想跟他搭话或交往。她热情而着迷地讲着,一点也没有流露出少女在谈这种事情时的羞涩。

后来,A 子去 Y 君班级的事越来越频繁了,"把桌子搬到 Y 君边上,目不转睛地凝视了整整一个小时"。"连授课老师也感到望而生畏,只能坐视不管"。到这一步,每个人都束手无策了。这时,无论其出现是好事还是坏事,往往该轮到捣蛋鬼(第五章第三节)上场了。

在 A 子的气势下,没有人敢说半个不字,这时,一位男生(这就是所谓的捣蛋鬼)半开玩笑地大声向老师报告:"班上有个外班同学!"听到这句话,A 子突然站起身来,哭着跑出了教室。

• 苦恼与混乱 •

在第二次咨询时，A子比上次消沉了很多，话语中有了更多的沉默，她眼中含着泪水，断断续续地说着。她满脑子都是Y君。想要去Y君班上，但会有男生故意使坏报告老师，所以没有办法再去了。上一次是完全被冲昏了头脑，眼里只有自己和Y君，但自从上面所写的那件事以来，她开始能够稍稍对自己的行为作出客观判断了，并因此产生了苦恼与混乱。

爱一个人是一件美好的事。爱会使人盲目，使人看不到自己和喜欢的人以外的一切。但是，要在这个世界上生活下去，无论如何都需要关注自己和喜欢的人以外的东西。当发觉这一点的时候，爱情的苦恼就产生了。只有通过这种苦恼，人才可以得到锻造，才能成长。没有痛苦的爱情，并没有多大意义。

第三次咨询时，A子的苦恼似乎达到了顶点，她默默无语，眼中闪着泪花，时不时重重地叹一口气。咨询师深切地感到了这种痛苦，但咨询师也并不是万能的，能为她做的，只有与她共享这一场景。

三天之后，A子试图服用安眠药自杀，幸好家人发现得早，赶紧送往医院，捡回了一条命。（班主任把情况通报了家人，要求家人不露痕迹地关注 A 子的状态。）咨询师次日去探望她，出乎意料的是，A 子却显得充满活力，她说："太痛苦了，实在承受不了了。"

• 告白 •

第四次咨询时，A 子没有提自杀的事，而是提出了下面的希望。Y 君依然在她的脑海里盘旋不去，令她痛苦。她开始觉得，也许索性把自己的想法告诉 Y 君，会让自己轻松一点儿。无论 Y 君作出怎样的回答，她都作好了思想准备。因为她没有和 Y 君交谈过，希望有人能为她创造与 Y 君长谈一次的机会。咨询师说，要和班主任商量，还要确认 Y 君的意见，所以可以努力试一试，希望她耐心等待。

咨询师、班主任和副校长三个人一起讨论该怎样对待 A 子提出的要求。由于她曾自杀未遂，需要慎重对待，所以他们谈了好久，决定接受 A 子的要求，并要求 Y 君提供协助。"向 Y 君说明了情况，为学校非常规的措施道歉，并请求他的协助，Y 君答应了。于是，在副校长和班主任在场的情况下，A 子和 Y 君在学校的接待室里会面了。"这种时候，咨询师作为与 A 子内心世界相关联的重点人物，不出现在这种场合是通常的做法。

A 子一口气说出了自己的心情，Y 君平静地听着，最后干脆地说道："作为我，并没有感到这件事给自己带来了多大的困扰,但我从来没有和你谈过我自己的想法,应该说,我对你既谈不上喜欢,也谈不上讨厌。"说完之后,Y君就离开了。A子小声抽泣了片刻,看上去似乎有些想开了。接下来的几天,她的日常行为恢复了平静。

但是她的念头毕竟不会这么容易平息下来。过了一周左右,有一天,A子在上课时突然用力撕碎了课本,大哭起来。接到通报的咨询师赶到教室里,但A子非常激动,没有办法,咨询师就把A子带到咨询室里,等了一个小时,直到她恢复平静。

• 热情的冷却 •

次日下午放学之后,全校学生都走了,五点左右,有一位教师发现A子独自伫立在微暗起来的教室里,凝视着窗外下个不停的雨,便立即联系了咨询师。因为存在跳楼自杀的可能性,咨询师立即赶到教室里,坐在A子边上,不出声地陪伴了她三十分钟。A子终于想要回家了,咨询师把她送到校门口,A子说:"我再也不会给您添麻烦了。我已经没事了。"说完就离去了。后来,A子专心地投入学习,取得了优秀的成绩,还考上了大学,几乎令人觉得从前的那些事情都像是假的一样。

这是一个极端的例子,但体现了高中时期恋爱的一个典型。刚才所提到的英格,还会与"哥哥"手拉手,有时还会让

"哥哥"抱着自己跳过小河,但正是因为他们是"兄妹",所以才能这样做。到了高中这个年龄,身体接触的意义已经不一样了,结果这个时期的恋爱反而会变成极其精神性的,就像这个例子中"小王子"的出现一样。其中的热情非常强烈,正如A子的行为所显示的那样,但它是缺乏具体性的,往往会从某个时候开始"像是假的一样"消失。

　人在找到自己的人生伴侣之前,必须经历各种与异性的关系。这时如果走错一步,就会发生非常严重的事态。在高中时代,即使找到了"小王子",很多情况下会像A子一样,并不会采取直接行动,而是在烦恼的过程中渐渐消散。也许是因为他们心里知道,哪怕这种感情再火热也会马上消失,并感到了付诸行动的危险性。

• 恰当的帮助 •

　因为篇幅原因,我就不详细论述了,我认为在这个案例中咨询师的态度是非常恰当的。当对方情绪冲动的时候,无论这种情绪是愤怒,是悲伤,还是爱情,都不应该过度介入或过分接近,应该在保持适当距离的地方陪伴着对方,这是最好的做法。等对方情绪平息下来,就可以自己作出种种判断了,咨询师也可以为其提供能够提供的帮助。

3. 对异性的接近

• 青年期初期的苦恼 •

已经接近成年，性的问题也开始出现时，对异性的接近是如何完成的呢？有一部作品可以让我们对这个问题进行深入的思考，这就是克尔舒诺夫(Irina Korschunow)的《是谁杀了你》[①](Die Sache mit Christoph)。这是一部描写了青年期初期的苦恼的名作。出场人物是高中生，但他们是德国人，可以认为相比之下他们成熟得更早一些。本书只讨论我们想要关注的地方，如果不满足于这一点，建议拥有这个年龄段孩子的读者一定要阅读原作并进行思考。

故事从主人公"我"（马丁 Martin）的朋友克里斯托弗(Christoph)的葬礼开始。克里斯托弗的死，可以理解为汽车事故，也可以理解为自杀。在葬礼的弥撒上，几乎所有的同

---

① 《是谁杀了你》，克尔舒诺夫著，上田真而子译，日本岩波书店，1983 年。

学和老师都来了。"他们穿着纯黑色的衣服,带着适合这种场合的表情坐在那里。我看得厌烦得不得了。"马丁无法忍受,逃离了现场。他之所以生气,是因为无论是同学还是老师,除了少数例外之外,大家都不喜欢克里斯托弗,欺负克里斯托弗,现在却装出一副"适合这种场合的表情"。

• 音乐的伙伴 •

克里斯托弗是转学来的。刚来的时候就被老师们看做是一个"任性"的孩子。他总是冷眼旁观着人生,似乎总是带着一丝冷笑。他很聪明,却从不学习,成绩非常差。克里斯托弗对音乐有很敏锐的感受性,格外擅长演奏钢琴。他的父亲是铁路公司的上层,对于音乐根本就不屑一顾。他对克里斯托弗大发雷霆,说是只要学校里的成绩好就可以了。母亲完全听父亲的,无法保护克里斯托弗。克里斯托弗唯一的反抗,就是从不学习。

"我"(马丁)很快和克里斯托弗成了好朋友。两人之间很有共鸣。直到中学为止,马丁都是个好学生,"但是,自从我停下脚步开始思考以来,一切都变了"。千人一面的平凡一生,究竟有什么意义呢? 难道说,人生的价值就在于为了与别人有哪怕一点点不同而一个劲地学习吗? 我不再认真学习,而是热衷于弹吉他。

女孩子乌尔里克(Ulrike)是我们的伙伴。"家庭纷争、挑剔的人世间的飞短流长、越来越不高兴的妈妈,这一切乌尔里克都通过小提琴发泄出去。"也就是说,我们三人以音乐作为共同点而成了朋友。

感受性丰富的克里斯托弗,在世间的常识和父亲世俗的奋斗主义的压迫下,被逼入了不得不自杀的境地,这是本书非常重要的一个主题,但在这里,我们只把目光投向其中与异性的关系上。

• 对性的不安与恐惧 •

马丁对女性产生了关注,也感到了性的冲动。但是,"我感到非常不安,说不定会出岔子,甚至弄得一切都不可收拾"。这个年龄的男孩,拥有这种对性的不安和恐惧,毋宁说是健康的。由此,他们可以进行适度的控制,等待恰当的时机的来临。

乌尔里克对克里斯托弗和马丁都有好感,但相比之下和克里斯托弗更亲近一些。当克里斯托弗说到活下去又能怎样的时候,马丁说:"可是,你不是还有乌尔里克吗?"结果,叫人吃惊的是,克里斯托弗说他和乌尔里克发生过性关系,并说:"这种事,没有任何意义。……大家都觉得这件事似乎有特别的意义,但是不过在五分钟之内,或者顶多再长一点儿的时间里就结束了。然后它就成了过去。丝毫也不能带来慰藉。"乌尔里克出于母性的心情,想要帮助克里斯托弗,觉得也许这样一来克里斯托弗就不会再长吁短叹了。但克里斯托弗却说这件事"没有任何意义"。

"我觉得无法理解。一瞬间,仅仅是一瞬间,我感到了一阵冲动,想要狠狠地揍克里斯托弗那张拒人于千里之外的脸庞。"的确,马丁如果索性豁了出去,揍了克里斯托弗的脸,那么他们的人生也许会发生很大的变化。但是,事情做不出的时候就是做不出。这是克里斯托弗的问题,同时也是马丁的问题。克里斯托弗的虚无感太过强烈,而马丁的生命力也不够强大。

数学老师迈耶(Mayr)来找马丁,和他谈克里斯托弗。谈着谈着,马丁发现这位老师能够在相当程度上理解克里斯托弗和自己的心情,觉得受到了鼓舞。

• 父亲与儿子 •

马丁的父亲曾经一心想当雕塑家,但后来对自己的才能失去了信心,现在成了一个电器产品推销员。因此,他的收入增多了,生活也宽裕多了。马丁对于父亲的这种生活,总感到有点不甘心。有一天吃晚饭的时候,马丁惦记着这件事,毫不客气地说,如果自己拥有父亲那样的才能,"才不会拿着电器产品的零件到处跑来跑去呢"。父亲平静地说:"思考自己的理想是什么,是你的自由,但是过上三十年,你的想法也会改变的。"马丁听了,还在怒气冲冲地顶嘴。这时父亲的态度非常完美,他平静地对马丁说:"也许我并不是你理想中的父亲。理想中的父亲怎么会是这样呢? 但是,我不允许你伤害我。我不敢对自己说的话,你却满不在乎地说出来,这是不对的。如果你想知道,那么我告诉你,我和自己斗争了很久,经过了深思熟虑。有一天,我清楚地领悟到我的才能及其界限。我的才能究竟有没有让家人挨饿的价值呢? 经过平衡,我承认并没有这样的价值,所以才以认真的态度去赚我的面包。而现在,我只想安静地吃我的面包。"

马丁意识到了自己的卑劣,想要说些什么,却不知道如何开口。于是他借口要和乌尔里克合奏,打算逃离餐桌。母亲带着明显的厌烦问他,是不是又要出去。她说,马丁整天自己都不知道自己在做些什么,这样是不行的。这时父亲拿来了一本书读道:

"今天的年轻人已经从根本上颓废了。道德败坏、没有信仰、懒惰散漫。像以前的年轻人那样东山再起,已经是不能指望的了。我们的文化要想让他们保持下去,是绝对不可能的。——你知道这话是写在什么地方的吗? 是写在巴比伦出土的陶土板上的。时间是在三千年前。"

父亲接着说:"但是,我们今天依然有着被称为文化的东西。虽然并不是原来的巴比伦文化。"说着轻轻地朝马丁点了点头。马丁也对父亲点了点头,并"真诚地觉得,对父亲说了那些卑鄙的话,真是非常不应该"。

• 反抗权威的勇气 •

有人可能会觉得，本来要谈论的是对异性的接近，这里却怎么光是在提父亲的事呢？事实上，我想要强调的是，如果没有父子之间火星四溅的谈话，是不可能真正完成对异性的接近的。这部作品就真实地让我们体会到了这一点。当然，所谓的父子，并不一定必须是真正的父子，有时也可以是真正的父亲以外的"作为父亲一样的存在"的人物。这里所省略的马丁和数学老师迈耶之间的谈话，也可以认为是这一类的谈话。没有反抗权威的勇气，就想要与异性相遇，未免也想得太美了。

马丁去找乌尔里克，他们一起出去散步，坐在古城堡的城墙上，谈起了克里斯托弗。就在克里斯托弗"自杀"之前，他曾离家出走过一段时期，不知去了哪里。马丁找到了他，并把他带了回来，接着就发生了"自杀事件"。乌尔里克说，也许对于克里斯托弗来说，死了反而更好，"一切都太困难了，克里斯托弗没有办法闯过去"。她还对马丁说，在克里斯托弗离家出走之前，"我们一起睡过了"。马丁早已知道了这件事。但他没有想到的是，乌尔里克说，克里斯托弗以为她怀孕了，害怕父亲知道了这件事会怎么说，所以才会离家出走。

乌尔里克说完之后，大声哭了起来。她问马丁，把她扔下不管突然消失，这样的事"如果是你，你会做吗？"让马丁不知如何回答是好。她说："我也做不到。这件事当然非同小可,但也并不是不可收拾。完全可以商量一下,看看该怎么办才好。可他却连声招呼也不打就走了……"

马丁情不自禁地说："如果是我,应该不会逃走的。"说完,他有些惊慌失措。

"我们坐在城墙上,我一直拉着她的手。我非常想要轻轻抚摸这只手,却没有勇气。我只是用大拇指轻轻地摩挲了两三次。我清楚地知道,总有一天,我会拥有这种勇气的。"

• 与父母的和解 •

十二点才回到家中的马丁,对担心的母亲说："妈妈,不用那么担心。我已经没事了。"妈妈大约也感到了什么,在谈话中也对马丁微微一笑。笑起来的妈妈,看上去似乎年轻了很多,非常漂亮。

马丁说："妈妈,你以后不妨多笑一笑。"

马丁终于穿过了隧道。但这是一段充满危险的历程,事实上,克里斯托弗的死是一个必要的牺牲。不知道你注意到没有,这里克里斯托弗的死,也可以被解读为发生在马丁内心世界的事情。不妨回想一下,第二章第四节中的 P 子,在倒数第二次治疗时,建造了食钱兽的坟墓,对此,治疗师"觉得被埋葬的食钱兽是从前的 P 子自己,心里感到很难受"。可以认为,当时在 P 子心中,发生了与克里斯托弗的死亡和埋葬相同的事情。在一个人的成长轨迹中,充满了很多死亡、埋葬和服丧,这些都缺一不可。没有脚踏实地的前进,要接近异性是不可能的。

• 接近异性的途径 •

马丁还在因为不安和恐惧而止步不前的时候,克里斯托弗已经提前有了性的"体验"。但是,这能在何种程度上说成是"体验"呢?事实上,他觉得"这种事,没有任何意义"。并不是这种事没有意义,这只是表明他无法找出它的意义。仅就发生性关系这一点来说,每种动物都可以发生,的确是没有什么特别的。在其中找出意义,就是人类的特征所在。

正如本章一直所谈到的那样,接近异性的道路存在着不同的阶段,必须跨过很多障碍。可怜的克里斯托弗在"母子一体感"这第一个障碍上就摔倒了。克里斯托弗的灵魂受到了深深的伤害,而他的父亲没完没了地责骂他,逼他学习。但是,他所需要的既不是拉丁语,也不是数学。乌尔里克凭直觉感到了这一点,出于母性的感情而委身于他。但是,这种事往往并不顺利。有意作出的行为,与心中无意识的暗流无法吻合。究竟是男女之间的结合,还是母子相好,连这一点都没有弄清楚,事情就告完成了,正如克里斯托弗老老实实说出的那样,"丝毫也不能带来慰藉"。在性的体验之前必须跨过的障碍,他还有太多没有完成。

• 何谓好的父亲 •

　　相比之下，马丁的步子看起来要缓慢得多。即使到了最后，他也只是"非常想要轻轻抚摸这只手，却没有勇气"。但是，实际上这种步子就可以了。因为"我清楚地知道，总有一天，我会拥有这种勇气的"。他还是勇敢面对了父亲，哪怕方法叫人不敢苟同。而父亲作出了出色的反应。对于自己，马丁的父亲说："理想中的父亲怎么会是这样呢？"克里斯托弗的父亲是铁路公司的上层，是一个成功者。相比之下，马丁的父亲是一个挫败者，"拿着电器产品的零件到处跑来跑去"。但实际上，究竟哪个父亲更伟大一些呢？

　　马丁在清楚地感到了父亲的好处之后，去见了乌尔里克，对于异性拥有了总有一天会产生勇气的自信。在回家之后，他觉得母亲的笑容很美，确认了母亲的年轻漂亮。也许在这之前，对于马丁来说，母亲是一个动不动就要扑上来吞掉他的母夜叉。对异性的接近，是对世界的接近。只有想要认真地去做这件事，它才会要求完成其他更多任务。尝试接近异性的人，必须在每个阶段逐一完成相应的任务，这是一条出乎意料的漫长的路。

后 记

关于本书的意图，我已在前言中说过。尽管如此，我还是希望读者朋友能够理解，我之所以取了"孩子的宇宙"这样一个宏大的标题，也是希望能把孩子所拥有的世界的宽广深邃传达给读者这种心情的体现。说是宇宙，其实不过谈到了太阳系而已，对于这样的批评，我虚心接受。因为笔者的力量仅及于此。

本书中所介绍的儿童文学，很多都是极其出色的作品，希望读者一定要阅读原作并进行自己的思考，相信一定会有新的发现。

说到孩子的心理疗法，有些人会以为无非就是对孩子进行"分析"和"深入试探"。本书还稍微介绍了一些游戏疗法的案例，也是为了消除这种误解。说到底，治疗要以对孩子的宇宙的敬畏之情为基础来进行的。

面对如此值得敬畏的存在，那些自认为"教育者"和"指导者"的人们，是多么积极地参与到扼杀它的行为中去，这一点我希望读者朋友能够了解。灵魂的扼杀不可能通过制度和法律来防止，只能依靠每个人深厚的自觉。在写作本书的过程中，有时我忍不住写下一些激烈的言辞，如同发起一场防止扼杀灵魂的运动一样。考虑到孩子们的灵魂，有时我不得不大声疾呼，这一点还请读者朋友们谅解。毕竟，孩子灵魂的呼声，往往没有被任何人听到，只是发出空洞的回声。

　　作为大众性的图书，我希望能让更多的读者知道这本书的存在，因而有些内容难免与已经发表的内容有所重复，这一点也希望大家理解。如果读者朋友能够以本书作为入口，更深入地走进孩子那无限的宇宙之中，我将感到无比欣慰。

　　对于同意我在这里引用和讲述宝贵的案例的各位治疗师们，我要表示诚挚的谢意。这些案例都发表在专业的杂志上，我在引用的时候进行了概括。为此，这些案例是否还拥有原来的深度和感染力，也是我非常担忧的一点。在游戏疗法的场合中，孩子们所表现出来的值得惊叹的强大，我希望能让更多的人了解，但是要很好地把这一点传达给别人却是出乎意料地困难。书中所引用的案例，都得到了原作者的许可，只有"K 君和乌龟"的案例，我已经忘记了讲给我听的老师是谁、是哪个学校了。我深感抱歉，但毕竟是很久以前的事情了，而且这个案例实在非常精彩，所以还是在这里讨论了一下。希望可以借此机会表达我的感谢。

　　本书的完成,岩波书店编辑部的柿沼正子小姐起了很大作用。有了她的激励和推动,生性懒散的笔者才终于写完了本书。在此对她的努力表示衷心的感谢。

河合隼雄

图书在版编目（CIP）数据

孩子的宇宙／（日）河合隼雄著；王俊译.一2版.
一上海：东方出版中心，2014.8（2020.5重印）
ISBN 978-7-5473-0074-9

Ⅰ.①孩… Ⅱ.①河… ②王… Ⅲ.①儿童教育—家
庭教育 Ⅳ.①G78
中国版本图书馆CIP数据核字（2014）第087234号

KODOMO NO UTYUU
by Hayao Kawai
© 1987 by Kayoko Kawai
KODOMO NO GAKKOU
by Hayao Kawai
© 1992 by Kayoko Kawai
Originally published in Japanese by Iwanami Shoten, Publishers, Tokyo, 1987,1992.
This simplified Chinese Language edition published in 2010 by the Orient Publishing
Centre, Shanghai
by arrangement with the proprietor c/o Iwanami Shoten, Publishers, Tokyo
图字：09-2009-87

孩子的宇宙

出版发行　东方出版中心
地　　址　上海市仙霞路345号
邮政编码　200336
电　　话　021-62417400
印 刷 者　三河市德鑫印刷有限公司

开　　本　787mm×1092mm　1/32
印　　张　6.25
字　　数　108千字
版　　次　2014年8月第2版
印　　次　2020年5月第11次印刷
定　　价　30.00元